insel taschenbuch 4719

Alexander von Humboldt

Henriette Kohlrausch

Die Kosmos-Vorlesung an der Berliner Sing-Akademie

Alexander von Humboldts legendäre ›Kosmos-Vorlesung‹ an der Berliner Sing-Akademie vermittelte im Winter 1827/28 Hunderten Zuhörerinnen und Zuhörern den aktuellen Stand der damaligen Wissenschaft. Der vorliegende Band präsentiert erstmals den zuverlässigen, vollständigen, der Nachschrift der Henriette Kohlrausch folgenden Text der sechzehn Vorträge.

Alexander von Humboldt wurde am 14. September 1769 in Berlin geboren und genoss eine weitgefächerte Ausbildung. Nach seinen Forschungsreisen in Mittel- und Südamerika ging er 1804 als gefeierter Wissenschaftler und Entdecker nach Paris, wo er die Ergebnisse seiner Reisen verarbeitete. Das letzte Drittel seines Lebens verbrachte Humboldt in Berlin, wo er am 6. Mai 1859 verstarb.

Henriette Kohlrausch wurde am 12. Juli 1781 in Hannover geboren. Sie war vielseitig gebildet, insbesondere auf naturwissenschaftlichen Gebieten wie der Botanik. 1815 heiratete sie den Geheimen Obermedizinalrat Heinrich Kohlrausch, lebte in Berlin und später wieder in Hannover als Gesellschaftsdame am Hof der Königin von Hannover. Am 7. November 1842 verstarb sie in Hannover.

Die Herausgeber: Christian Kassung ist Professor für Kulturtechniken und Wissensgeschichte an der Humboldt-Universität zu Berlin und Vizedirektor des Hermann von Helmholtz-Zentrums für Kulturtechnik. Er forscht u.a. als Principal Investigator am Exzellenzcluster »Matters of Activity«. – Christian Thomas ist wissenschaftlicher Mitarbeiter an der Berlin-Brandenburgischen Akademie der Wissenschaften in den Projekten »Alexander von Humboldt auf Reisen – Wissenschaft aus der Bewegung« und »CLARIN-D«.

Alexander von Humboldt
Henriette Kohlrausch

DIE KOSMOS-VORLESUNG AN DER BERLINER SING-AKADEMIE

Herausgegeben von
Christian Kassung und Christian Thomas

Insel Verlag

Erste Auflage 2019
insel taschenbuch 4719
Originalausgabe

Vertrieb durch den Suhrkamp Taschenbuch Verlag
Umschlag: Rothfos & Gabler, Hamburg
Satz: Satz-Offizin Hümmer GmbH, Waldbüttelbrunn
Druck: CPI – Ebner & Spiegel, Ulm
Printed in Germany
ISBN 978-3-458-36419-1

Physikalische Geographie.

Vorgetragen

von

Alexander von Humboldt.

Abb. 1: Titelseite aus Henriette Kohlrauschs Nachschrift der ›Kosmos-Vorträge‹ Alexander von Humboldts an der Berliner Sing-Akademie.

Die Gestaltung, v. a. die kalligraphisch ausgeführte Handschrift, unterscheidet sich deutlich von der Grundschrift des Manuskripts; vgl. dagegen die Züge der Handschrift in Abb. 4.

INHALT

VORWORT DER HERAUSGEBER

> »Nur der Naturforscher ist verehrungswerth, der uns das Fremdeste, Seltsamste, mit seiner Localität, mit aller Nachbarschaft, jedesmal in dem eigensten Elemente zu schildern und darzustellen weiß. Wie gern möchte ich nur einmal Humbolden erzählen hören.
>
> Goethe's Wahlverwandschaft.«[1]

Physikalische Geographie.
Vorgetragen von Alexander von Humboldt.

– so lautet der schlichte Titel des hier edierten Manuskripts (siehe Abb. 1).[2] Doch wer ist dessen Autor oder dessen Autorin? Wer spricht, bzw. wer schreibt hier eigentlich?

Keine Frage könnte diesen Band besser eröffnen, könnte dessen Problemstellung, dessen Herausforderung und dessen Erkenntniswert besser umreißen. Wir werden in diesem Vorwort mögliche Antworten auf die eingangs gestellte Frage diskutieren und dabei gleich mit der naheliegendsten beginnen: mit Alexander von Humboldt,[3] der im Winter 1827/28 die im Titel genannte Vortragsreihe über »Physikalische Geographie« in Berlin hielt. Wir werden jedoch zeigen, dass neben Humboldt noch weitere Akteure ganz maßgeblich mit der Geschichte der ›Kosmos-Vorträge‹ verwoben sind, wodurch sich diese allererst zu jenem Manuskript verdichten konnten, das heute unter der Signatur

»Ms. germ. qu. 2124« in der Berliner Staatsbibliothek aufbewahrt wird und das die Grundlage dieser Edition bildet.

Da ist zum einen die Person, die Humboldts mündlichen Vortrag verschriftlicht und den hier edierten Text verfasst hat: Henriette Kohlrausch, die im Verlauf dieses Vorworts noch ausführlich vorgestellt werden wird. Denn das Manuskript stammt offensichtlich nicht vom Vortragenden selbst, sondern ist ein herausragendes Zeugnis einer im 19. Jahrhundert weit verbreiteten Praxis: des Mit- bzw. Nachschreibens von Vorlesungen.[4] Den Herausgebern ist es gelungen, die Identität der Verfasserin Henriette Kohlrausch zu belegen und somit auch ihren Beitrag zur Gestalt und Gestaltung des Textes herauszuarbeiten. Zum anderen sind neben den ›Begleitumständen‹ des Ereignisses, auf die das Vorwort kurz eingehen wird, selbstverständlich weitere Personen und Personengruppen involviert, die als Vorbilder, Ideengeber und Dialogpartner des Vortragenden ihre Spuren im Text der Nachschrift hinterlassen haben. Ebenso entscheidend für die Rezeptionsgeschichte des Vortragsereignisses wie der überlieferten Textzeugen sind die (früheren und aktuellen) Biographinnen und Biographen Humboldts sowie die Herausgeberinnen und Herausgeber, Kommentatorinnen und Kommentatoren historischer Quellen, in deren Genealogie sich der vorliegende Band einreiht. Und schließlich haben auch Sie selbst, die Leserinnen und Leser dieser Vorlesungsnachschrift, Anteil an deren Rezeption, Diskussion und Verbreitung in der jeweiligen Gegenwart.

Im Folgenden wollen wir die angesprochenen Facetten kursorisch erörtern, um die Auseinandersetzung mit Humboldts berühmten Vorträgen der Jahre 1827 und 1828 und der hier edierten Nachschrift derselben insgesamt auf eine solide, quellenkritische, kultur- und wissenschaftsgeschichtlich informierte Grundlage zu stellen. Die wichtigste Frage ist dabei, weshalb es sich heute – und besonders heute – lohnt, die ›Kosmos-Vorträge‹ zu lesen.

Am 12. Mai 1827 kehrt Alexander von Humboldt nach Berlin zurück, wo er das letzte Drittel seines Lebens verbringen wird. Die beiden Vorlesungszyklen, die er zwischen November 1827 und April 1828 abhält, schließen an die zahlreichen Vorträge an, die er zuvor in Paris an der Académie des Sciences gehalten hatte. Dort hatte Humboldt unter anderem an der Auswertung, Ordnung und Publikation der Ergebnisse seiner großen amerikanischen Forschungsreise (1799-1804) gearbeitet.[5] Als Anregung und in vieler Hinsicht als Vorbild für die eigene Unternehmung, über naturwissenschaftliche Themen vor einem ›gemischten‹ Publikum zu referieren, dienten Humboldt beispielsweise die öffentlichen, unentgeltlichen Vorträge seines Freundes und Akademickollegen François Arago an der Pariser Sternwarte. Auch seine eigene Interpretation der »Physikalischen Geographie« als einer »physique du monde«[6] stellte Humboldt bereits in Paris einem breiteren Zuhörerkreis vor, wo er ab 1825 eine Reihe von Vorlesungen im Salon der Marquise Amandine de Montcalm hielt.

Dank dieser Vorträge vor Besucherinnen und Besuchern

großstädtischer Salons ebenso wie vor den Mitgliedern sowohl der Pariser als auch der Berliner Akademie, deren »ordentliches Mitglied« er 1805 geworden war, wusste Humboldt sehr genau, was mit der selbstgewählten Herausforderung auf ihn zukam, 1827/28 in der preußischen Hauptstadt einem großen, möglichst divers besetzten Auditorium die »Physikalische Geographie« zu vermitteln. Sein Berliner Publikum war seinerseits ebenfalls gut auf dieses Ereignis vorbereitet, hatte sich doch hier schon vor Gründung der Universität 1809/10 eine Tradition anspruchsvoller öffentlicher Vorträge etabliert. An prominenten Beispielen seien Friedrich August Wolf, Johann Gottlieb Fichte, August Wilhelm von Schlegel und Friedrich Schleiermacher genannt. Humboldts Hörerinnen und Hörer waren also durchaus auf akademische Inhalte mit einem hohen wissenschaftlichen Anspruch eingestellt – und der Vortragende war mit der Praxis der Vermittlung derselben bestens vertraut.

Da zu dieser Zeit keine technischen Apparaturen existierten, um eine Stimme zu speichern, kennen wir den genauen Wortlaut der Vorlesungen nicht. Und selbst wenn Humboldt seine Vorlesungen nicht 1827/28, sondern gut 50 Jahre später gehalten hätte, so dass sich seine Stimme in eine Wachswalze hätte einschreiben können und wir uns die Vorlesungen fast genau so anhören könnten wie deren zeitgenössische Zuhörerinnen und Zuhörer, wäre damit das historische Ereignis als solches dennoch nicht wiederholbar. Denn bei aller Faszination, die von einer solchen Aufzeichnung des gesprochenen Wortes ausgehen würde, unterscheidet sich unser heutiges Verständnis der Worte

Alexander von Humboldts zwangsläufig sehr stark von dem, was *zeitgenössische* Zuhörerinnen und Zuhörer aufgefasst, verstanden, goutiert oder ignoriert haben werden. Vieles von dem, was damals fasziniert und gefesselt hat, würde für uns zu einem Rauschen, zu erklärungsbedürftigen Aussagen, zu wilden Spekulationen oder zu mittlerweile erwiesenermaßen falschen Tatsachen.

Das historische Ereignis bleibt also unverfügbar. Allerdings gab es im ersten Drittel des 19. Jahrhunderts durchaus Medienpraktiken, die eine zumindest rudimentäre Speicherung des gesprochenen Wortes erlaubten: Kurzschriften. Bereits seit der Antike bekannt, kennen wir in dieser Zeit allein in Deutschland Hunderte von Kurzschriftsystemen, teilweise in durchaus spannungsgeladenen Konkurrenzverhältnissen. Dies ist ein deutlicher Hinweis darauf, dass derartige Aufzeichnungspraktiken zur Zeit der ›Kosmos-Vorträge‹ erstens noch keine vollständig verlässliche, ausgereifte Kulturtechnik sind. Zweitens handelt es sich damit um ›knappe‹ Medien, was dann auch die sekundäre Praxis des Abschreibens von Mitschriften motiviert bzw. erklärt.

Doch kehren wir zum konkreten Ereignis der ›Kosmos-Vorträge‹ zurück. Wir können davon ausgehen, dass im 19. Jahrhundert das Mit- und Nachschreiben von Vorträgen zwar eine durchaus verbreitete, aber individuelle Praxis war. Ziel war in der Regel eine auf wesentliche Inhalte fokussierte und d. h. eben auch reduzierte Wiedergabe des Vortrags, wohingegen eine *wortwörtliche* Aufzeichnung desselben vermutlich nicht einmal im Interesse der Schreiberinnen und Schreiber gewesen wäre – in jedem Fall lag sie nicht im Bereich der Leistungsfähigkeit dieser Medienpraxis.[7] Blenden wir hierzu das Argument ein, dass selbst wenn wir über eine Aufzeichnung der Stimme verfügen würden, immer noch der Raum, die Bilder, die Gesten, die Mimik, das Publikum usf. fehlten, wird die Frage nach der Autorschaft einer Vorlesung zunehmend komplex. Von Humboldts Vorträgen gibt es keine autorisierte Publikation, ebensowenig ein überliefertes, vollständiges Manuskript, von dem er abgelesen hätte.[8] Dokumentiert sind sie lediglich in Form einer ganzen Reihe von individuellen, bisweilen sogar widersprüchlichen Texten: Nachschriften aus dem jeweiligen Hörsaal, in denen seine Hörerinnen und Hörer über einen mehrstufigen Prozess – vom Hören und zwangsläufig selektiven Auffassen des gesprochenen Worts über die flüchtige, immer zeitversetzte und wiederum lückenhafte Notation desselben bis zum nachträglichen Anfertigen einer Reinschrift auf dieser Grundlage – ihre eigenen Vorlesungen *konstruiert* haben.

Eine solche Quellenlage ist übrigens bei weitem kein Einzelfall in der Kulturgeschichte, man denke nur an ›Hegels‹ *Vorlesungen über die Philosophie der Geschichte* oder ›Saussures‹ *Cours de linguistique générale*. Das Ziel einer ›Rekonstruktion‹ *der* Vorlesung erweist sich angesichts dieser Überlieferungssituation wie überhaupt aufgrund der Natur jedes historischen Ereignisses als niemals erreichbare, ja sogar illusorische Reduktion.[9] An seine Stelle tritt die Komplexität und Stärke der Konstruktion *einer* Vorlesung.

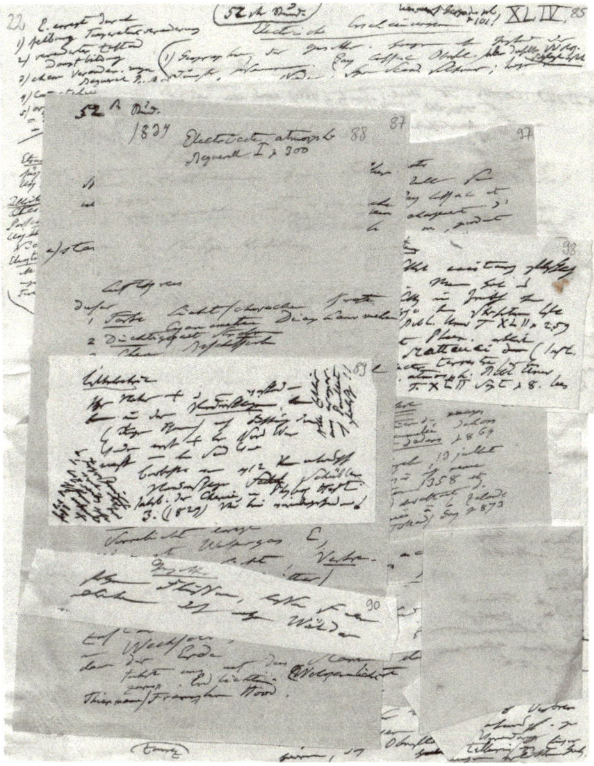

Abb. 2: Alexander von Humboldt: Notizen zur Meteorologie.

Zwei der Grundblätter sind von Humboldt als zur »52ste[n] Stund[e]« gehörig gekennzeichnet und lassen sich somit den ›Kosmos-Vorträgen‹ an der Berliner Universität 1827/28 zuordnen. Dadurch, wie auch durch den Abgleich des Textes mit den überlieferten Nachschriften, werden die Notizen als Teil des ursprünglichen Manuskripts erkennbar (vgl. auch Abb. 18). Die zahlreichen darauf fixierten Notizzettel dagegen enthalten teilweise spätere Datierungen, andere lassen sich nicht mit Sicherheit den Vorträgen zuordnen.

1 Alexander von Humboldt

Während von Humboldts ›Kosmos-Vorträgen‹ an der Berliner Universität mehrere Nachschriften bekannt sind und mittlerweile ediert wurden, ist das vorliegende Manuskript nach derzeitigem Kenntnisstand die einzige Nachschrift des Kurses an der Sing-Akademie.[10] Die Handschrift gibt, gegliedert in 16 Vorträge, auf knapp 160 Seiten (mit Titelei insgesamt 81 Blatt) einen durchgehenden Fließtext in der ›Ich‹-Form wieder. Wir werden darin Zeugen einer Reise, in der sich Raum und Zeit miteinander verschränken. Denn wenn wir, dem Ich-Erzähler ›Alexander von Humboldt‹ folgend, den erloschenen Vulkan Chimborazo in Ecuador besteigen, dann ist das nicht nur die Erkundung einer bestimmten Gesteins- und Gebirgsformation, also nicht nur »Physikalische Geographie«, sondern darüber hinaus ein Hinabtauchen in die Geschichte der Erde, »indem wir annehmen, daß alle Gebirgsketten aus Spalten emporgetrieben, uns Bestandtheile der Erde aus größerer Tiefe sichtbar machen.« (S. 98 | Bl. 14r)[11] Oder, wie Humboldt es 18 Jahre später im *Kosmos* formulieren wird: »Wir steigen aufwärts in die Zeit, indem wir, die *räumlichen* Lagerungsverhältnisse ergründend, von Schicht zu Schicht abwärts dringen.«[12]

Wer also mit Humboldt den Raum der Welt erkundet, der reist zugleich in die Geschichte der Erde und kann deren »successive Bildung« (S. 110 | Bl. 17r) nachvollziehen. Die ›Kosmos-Vorträge‹ sind, worauf später noch einmal ausführlich zurückzukommen sein wird, eine Geschichte in doppeltem Sinne und setzen damit eine starke, einigen Biographien zufolge bisweilen gar heroische Autorschaft voraus. Womit sich uns die Frage stellt, wie wir den Hinweisen auf eine Autorschaft Humboldts nachspüren, wie wir diese sichtbar machen können, wenn nicht, wie zunächst dargestellt, an der Oberfläche des Textes, in den konkreten Worten, dem Stil, der Rhetorik, der Sprache der Vorlesung. Die Spur, so kann die Antwort auf diese Frage nur lauten, führt ins Innere des Textes, in seine Struktur. Und genau hier haben wir es tatsächlich mit einer starken Autorschaft zu tun, allerdings nicht – und dies soll im Folgenden näher begründet werden – in der Weise einer Überhöhung der ›Kosmos-Vorträge‹ zu einem Begründungsmoment der modernen populären Wissenskultur.[13]

Das entscheidende Datum dieser Autorschaftsdebatte ist der 6. Dezember 1827. Vor dem erst kürzlich vollendeten Gebäude der Berliner Sing-Akademie, dem derzeitigen Sitz des Maxim Gorki Theaters, herrscht großer Andrang. Humboldt ist der Star, den alle sehen und hören wollen. Deshalb eröffnet er Anfang Dezember parallel zu seinen von Beginn an überfüllten Vorlesungen an der Berliner Universität zusätzlich einen zweiten öffentlichen Zyklus von Vorträgen im Haus hinter der Neuen Wache. Das Themenspektrum, das in der Ankündigung im Lektionsverzeichnis der Universität nur unscharf als »*Physische Erdbeschreibung*, mit Prolegomenen über Lage, Gestalt und Naturbeschaffenheit der Gestirne«[14] betitelt wurde, ist in beiden Zyklen identisch. Dennoch handelt es sich bei den beiden Vortragsreihen um jeweils eigenständige, individuelle Umsetzungen dieser inhaltlichen Leitmotive.

Die Daten und Themen sowie die übergeordnete Gliederung notiert Humboldt in zwei- bzw. vierseitigen Übersichten, die in seinem Nachlass in der Berliner Staatsbibliothek erhalten geblieben sind (vgl. Abb. 3 und Abb. 8).[15] In diesem Überblick treten die Unterschiede beider Zyklen, in denen Humboldt jeweils die »gute oder schlechte Verkettung einzelner Theile [s]einer Lehre«[16] öffentlich auf den Prüfstand stellte, deutlich hervor. Letztlich wird Humboldt die Gliederung des ›kleineren‹, kompakteren Kurses an der Sing-Akademie als Ausgangspunkt für die Anlage seines letzten großen Buchprojekts *Kosmos. Entwurf einer physischen Weltbeschreibung* (1845-62) übernehmen.[17]

Vermutlich wäre Humboldt, neben seinen ohnehin zahlreichen Aufgaben und Plänen, mit nur einem, d. h. dem zuerst begonnenen Zyklus an der Berliner Universität schon mehr als ausgelastet gewesen. Diese Vortragsreihe in einem großen Hörsaal im Universitätsgebäude Unter den Linden wird besonders zum Ende hin zu einem erheblichen Kraftakt. Zunächst liest Humboldt dort vor etwa 400 Personen planmäßig zweimal pro Woche, mittwochs und sonnabends zwischen 12 und 13 Uhr. Doch ab März 1828 muss er die Schlagzahl deutlich erhöhen. Zuletzt steht er fast täglich am Katheder, um das von ihm entworfene Themenspektrum überhaupt bewältigen zu können. Der Stoff, den Humboldt seiner Konzeption gemäß abhandeln muss, um die physikalische, historische, kulturelle, ökonomische und soziale Themen verbindende ›Erd-‹ oder besser: ›Weltbeschreibung‹[18] abzuschließen, sprengt schließlich den Rahmen der ursprünglich vorgese-

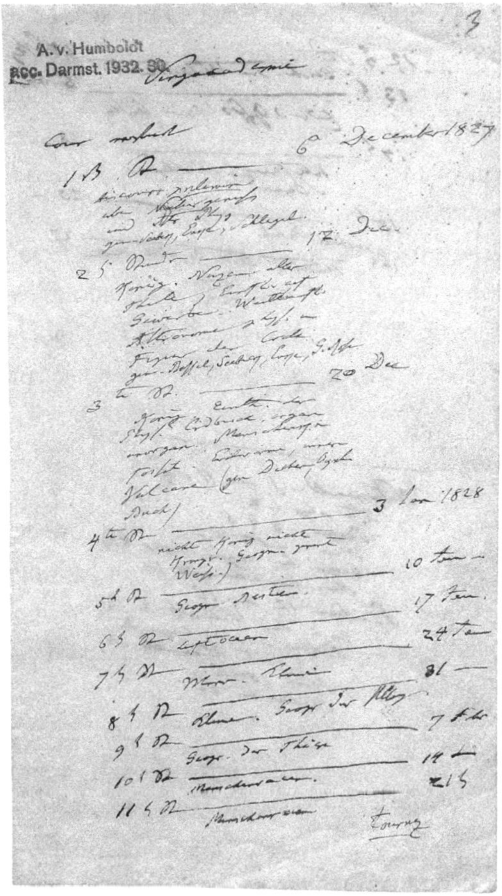

Abb. 3: Alexander von Humboldt: Übersicht über die Stundenzahl, Daten und Themen der ›Kosmos-Vorträge‹ an der Berliner Sing-Akademie.

Vgl. dazu die Rückseite dieses Blatts, Abb. 8. Zu seinem zeitlich teilweise parallel laufenden Zyklus von 62 ›Kosmos-Vorträgen‹ an der Berliner Universität ist eine vergleichbare Aufstellung Humboldts im Nachlass überliefert.

henen Vorlesungszeit: Die gesamten universitären Ferien hindurch, über die Osterfeiertage bis kurz vor Beginn des folgenden Semesters muss Humboldt seine Lehrveranstaltung ausdehnen, um schließlich nach insgesamt 62 Vorträgen[19] sein ›Naturgemälde‹ zu vollenden. Diese Über-Lastung hatte Humboldt allerdings noch nicht absehen können, als er Ende November 1827 bekanntgibt, dass er sich parallel zu diesem ersten noch einen weiteren Kursus aufbürden würde.

Mit diesem zweiten, an ebendiesem 6. Dezember 1827 eröffneten Kursus an der Sing-Akademie verzweigen also sich die ›Kosmos-Vorlesungen‹, verdoppelt sich quasi das Vortragsereignis. Dieser zweite Kursus verläuft entlang einer vom Vortragenden vollständig geänderten Gliederung in einem sehr viel gleichmäßigeren Rhythmus und kommt mit der 16. Vorlesung am 27. März 1828 zum Abschluss. Mit nur einer einzigen Unterbrechung nach den Weihnachtstagen[20] liest Humboldt hier jeden Donnerstag zwischen 12 und 14 Uhr – und stets vor einem restlos gefüllten Saal mit bis zu 1000 Zuhörerinnen und Zuhörern. Im Verlauf seiner Rezeptionsgeschichte, die freilich schon mit den tagesaktuellen Zeitungsberichten beginnt, verdichtet sich dieses Ereignis immer mehr zum Begründungsmoment einer neuen Form von Öffentlichkeit, ja der bildenden Durchdringung auch deren entferntester Sphären. Oder, wie der Schauspieler und Regisseur Karl von Holtei an Johann Wolfgang von Goethe berichtet, gelingt Humboldt mit den ›Kosmos-Vorträgen‹ die Vermittlung des wissenschaftlichen *state of the art* an »die ganze schöne Welt«.[21]

In dieser Verdichtung, mit Blick also auf die Breitenwirkung und das sich, außer in den Briefen und Erinnerungen diverser weiterer Besucherinnen und Besucher, auch in den Tageszeitungen niederschlagende enorme Interesse an dem Ereignis, gelten Humboldts öffentliche Vorträge im Berlin der Jahre 1827/28 als »Sternstunden in der Geschichte der Wissenschaftspopularisierung«.[22] Diese extrem pointierte und in der Folge immer wieder aufgegriffene Würdigung der ›Kosmos-Vorträge‹ stammt von Jürgen Hamel und Klaus-Harro Tiemann, die Humboldts Vorträge an der Sing-Akademie erstmals ediert haben. Um die mit dieser Verdichtung zumindest implizit einhergehende Charakterisierung der Vorträge als *vereinfachte*, damit ›massentaugliche‹ und in diesem Sinne eigentlich ›populärwissenschaftliche‹ Version dessen, was soeben noch als *state of the art* der damaligen Forschung bezeichnet wurde, kritisch überprüfen zu können, sei im Folgenden ein exemplarischer Blick auf den wissenschaftlichen Inhalt des 14. Vortrags geworfen. Diese Vorlesung bietet sich insofern besonders an, da sie einen Knotenpunkt des gesamten Zyklus darstellt.

In den ersten zehn Vorlesungen entwirft Humboldt die »Skizze eines großen Bildes im Umrisse«, eines »Naturbildes« oder »Naturgemäldes«, das als »Uebersicht der Gesammtheit des Geschaffenen« zur »Weltbeschreibung« wird.[23] Zwei Dinge sind daran bemerkenswert. Erstens springt der ›Ich‹-Erzähler in Kohlrauschs Manuskript, Alexander von Humboldt, direkt zu Beginn seiner Vorlesung – und seine Zuhörerinnen und Zuhörer mit ihm – nahezu unvorbereitet ins kalte Wasser: keine Begrüßung, keine *Captatio benevolentiae*, keine Hinführung auf das Kommende. Vielmehr stellt er zunächst »Naturgeschichte« und »Bild der Natur selbst« (S. 65 | Bl. 2r) gegeneinander, um bereits mit dem zweiten Satz den Blick in den Himmel zu richten. Die also zunächst für die Astronomie entwickelten Prinzipien geben die Denkmuster vor, die anschließend in der Geognosie, der Klimatologie und weiter in der räumlichen Verteilung der Pflanzen, Tiere und »Menschenracen« (S. 85 | Bl. 9v u. ö.) abgearbeitet werden. Das mit dieser Bewegung von Humboldt skizzierte »Naturgemälde« wird so für die Leserinnen und Leser zu einer Reise mit dem Anspruch, das Hier und Jetzt mit dem räumlich Entfernten und dem historisch Zurückliegenden zu verbinden.

Damit sind wir beim zweiten bemerkenswerten Punkt, auf den erst der Beginn der siebten Vorlesung explizit aufmerksam macht, der jedoch implizit bereits im Begriff der »Naturgeschichte« aufscheint. Während nämlich das in den ersten zehn Vorlesungen entworfene »Naturgemälde« ganz dem Lessing'schen Paradigma der bildenden Kunst als Raumkunst verpflichtet ist, also eine atemporale Struktur des reinen Nebeneinanders entwirft,[24] geht Humboldt mit der 11. bis 13. Vorlesung zur Erklärung des Natursystems als einem Wissenssystem mit eigener Zeitlichkeit und Geschichte über. Genauso, wie die Dinge im Moment nicht nur neben-, sondern immer zugleich auch nacheinander existieren (S. 193 | Bl. 46r), rückt »das vernunftmäßige Begreifen jenes Natur-Ganzen« immer näher (S. 207 | Bl. 51r). Mit anderen Worten historisiert sich Humboldt ab der 11. Vorlesung selbst, begreift sich als Teil einer von ihm ausführlich behandelten Wissens*geschichte*, die immer zugleich System ist. Die ›Kosmos-Vorlesungen‹ werden damit zu einem Akteur der sich an der Wende vom 18. zum 19. Jahrhundert vollziehenden Verzeitlichung der Natur und ihrer Erkenntnis, jenem von Wolf Lepenies bereits 1976 rekonstruierten Ende der vollkommen unhistorischen *historia naturalis*, das von ihm zugleich als Anfang der historischen Naturauffassung gesehen wird.[25]

Humboldts ›Kosmos-Vorlesungen‹ entfalten sich also zunächst entlang einer räumlichen (1./2. bis 10. Vortrag), sodann entlang einer raumzeitlichen (11. bis 13. Vortrag) Achse. Erst als raumzeitliches Gebilde erlauben sie ein Erkennen der Natur als ›Einheit in der Vielheit‹[26] und der gegenwärtigen Gleichzeitigkeit des Ungleichzeitigen. In diesem Sinne sind Humboldts ›Kosmos-Vorträge‹ eben nicht bloß Ausflüge in räumlich entfernte Gegenden der Welt – sie sind zugleich und zwangsläufig Reisen in die (eigene) Vergangenheit. In diesem raumzeitlichen Reisen spürt Humboldt der Einheit der Natur bzw. genauer: der Geschichte der Entwicklung des Gedankens von der Einheit der Natur nach – und an dieser epistemisch wie vermittlungsstrategisch verdoppelten Reise lässt er das Berliner Publikum der Sing-Akademie teilhaben, er schickt es geradezu auf eine Zeitreise.

Womit wir nun zu der Frage kommen, welche Funktion die letzten drei Vorlesungen haben bzw. wie der wissenshistorische Status der 14. Vorlesung einzuschätzen ist. Um diese Frage beantworten zu können, sei die These aufgeworfen, dass der 14. Vorlesung nicht ein einzelnes Problem oder ein Teilbereich der »physischen Weltbeschreibung« zugrunde liegt, sondern schlichtweg das System der Physik: Humboldt spannt in dieser zentralen Vorlesung deren gesamten Wissensraum auf. Er beschränkt sich also nicht auf eine Darstellung des vorhandenen und gesicherten Wissens seiner Zeit, sondern adressiert Probleme, die in systematischer Hinsicht wichtig sind, indem sie Zusammenhänge vorwegnehmen, die erst deutlich später explizit erkannt bzw. formal erklärt werden. Gehen wir nun vor diesem Hintergrund ins Detail.

Als inhaltlichen Einstiegspunkt in seine ›Physik-Vorlesung‹ wählt Humboldt drei Entdeckungen, an denen sich ihm zufolge der wissenschaftliche Fortschritt ablesen lässt. Diese liegen zum Zeitpunkt des Vortrags unterschiedlich lange zurück, nämlich etwa 30 bis 40, 15 bis 20, und fünf bis sechs Jahre, führen also sukzessive in die Physik seiner Gegenwart. Mit der ersten, am weitesten zurückliegenden Entdeckung schöpft Humboldt quasi aus dem Vollen des zeitgenössischen Wissens, d. h. das Auditorium weiß genau, wovon er spricht: Es handelt sich um »die große Entdeckung der Contacts-Elektricität« durch Luigi Galvani (S. 241 | Bl. 64r). Dieser hatte 1780 entdeckt, dass ein Froschschenkel, der mit einem Kupferhaken an einem Eisengitter aufgehängt ist, zusammenzuckt, sobald er das Eisengitter berührt.[27] War zur Jahrhundertmitte das Vorführen elektrostatischer Entladungsversuche zu einem Modespektakel höfischer Unterhaltung geworden, sind es nun die zuckenden Froschschenkel Galvanis, die zu einer experimentellen Alltagspraxis wurden, während sich Humboldt im Selbstversuch von südamerikanischen Zitteraalen elektrische Schläge versetzen lässt.[28]

Im April 1820, und damit springen wir zur dritten von Humboldt genannten Entdeckung, beobachtet der dänische Physiker Hans Christian Ørsted während einer Vorlesung erstmals jene merkwürdige »Identität« zwischen Elektrizität und Magnetismus (S. 245 | Bl. 65v), die erst zwischen 1855 und 1873 von James Clerk Maxwell mathematisch formuliert wurde. Ørsteds Entdeckung, dass eine frei bewegliche Magnetnadel von einem stromdurchflossenen Draht abgelenkt wird, geschah nicht – wie ihm einige eher missgünstige Zeitgenossen zuschrieben – zufällig, sondern folgte dem romantischen Ideal einer *einheitlichen* Naturbeschreibung.[29] Im gleichen naturphilosophischen Kontext greift Humboldt mit der Themenauswahl dieser 14. Vorlesung ein physikalisches Kernproblem seiner Zeit heraus, dessen tieferes Verständnis jedoch erst in den 1940er Jahren die Entwicklung der Quantenelektrodynamik lieferte: Die Problemkonstellation, die mit der Verknüpfung von Elektrizität und Magnetismus innerhalb der ›Kosmos-Vorträge‹ aufgerufen wird, beschäftigte die Physik also über 120 Jahre hinweg. Insofern kann die Wiederkehr des Magnetismus in der wissenschaftlichen Gegenwart Humboldts als ein erster Hinweis auf die systemische Struktur dieser Vorlesung gedeutet werden.

Zeitlich dazwischen liegend, und scheinbar unverbunden damit, führt Humboldt das Phänomen der Polarisation des Lichts an, das sein enger Freund François Arago gemeinsam mit dem Physiker Augustin Fresnel seit 1817 experimentell intensiv erforschte. Wieso wählt er diese Entdeckung aus dem Bereich der Optik für den zwischenliegenden Zeitraum aus, wenn seine Rahmenerzählung auf die physikalische Vereinheitlichung von Elektrizität und Magnetismus hinausläuft? 1812 berichtet der römische Chemiker Domenico Morichini, dass es ihm gelungen sei, einen Eisendraht mithilfe von Sonnenlicht zu magnetisieren.[30] Auf die Rezeption dieses Experiments verweist Humboldt am Ende dieses ersten Abschnitts (S. 247f. | Bl. 67r), wobei er innerhalb der sehr kontroversen Debatte die Richtigkeit dieser Experimente unterstreicht. Damit wirft er implizit die Hypothese auf, dass Licht ein elektromagnetisches Phänomen ist: Froschschenkel, Magnetismus und Polarisation gehören in seiner Erzählung also zur selben Geschichte, auch wenn erneut erst Maxwell erklären konnte, dass die Polarisation einen besonderen Schwingungszustand der beiden zueinander senkrecht stehenden elektrischen und magnetischen Feldvektoren darstellt. Anders formuliert: Die von Humboldt am Beginn seiner 14. Vorlesung gewählte Beispielkonfiguration physikalischer Entdeckungen weist insofern über sich selbst hinaus, als die daraus resultierenden Fragen und Probleme erst sehr viel später und auf einer extrem abstrakten Ebene gelöst werden konnten.

Man könnte und müsste sicherlich die gesamte 14. Vorlesung einer kritischen wissenshistorischen Lektüre unterziehen, was im Rahmen dieses Vorworts nur angedeutet werden kann. Aber das entscheidende Argument tritt bereits jetzt deutlich hervor: Humboldt wählt in dieser Vorlesung physikalische Probleme aus, deren struktureller Zusammenhang erst sehr viel später, ja teilweise sogar erst im 20. Jahrhundert erklärbar wird. Man könnte sogar die These vertreten, dass er – ob bewusst oder unbewusst – das gesamte Theoriegefüge der heutigen Physik andeutet, wenn er beispielsweise im weiteren Verlauf der Vorlesung auch die Planetenbewegung oder das Olbers'sche Paradoxon einführt, die erst mit der Allgemeinen Relativitätstheorie abschließend erklärt werden konnten.

Zu einem ›starken‹ Text wird die Vorlesung also nicht durch das jeweils einzelne Detail und dessen Verortung im Stand des zeitgenössischen Wissens, sondern durch die Auswahl und die sich daraus ergebende Konstellation der Beispiele. Wichtig und lesenswert wird die Vorlesung dadurch, dass Humboldt darin Dinge nebeneinander angeordnet hat, deren Zusammenhang sich erst im Nachhinein erwiesen hat. Dabei sei allerdings auch betont, dass wir heute zwar sämtliche von Humboldt genannten einzelnen Phänomene erklären können, es aber nach wie vor keine Theorie gibt, die *alle* Phänomene zusammen beschreibt. Gerade durch diese Offenheit und sein Gespür für ›wichtige‹ Probleme erweist sich Humboldts eigener Anspruch als gerechtfertigt, »ein Bild der Natur selbst [...] entwerfen« zu wollen (S. 65 | Bl. 2r).

Damit zeichnet sich eine eigenartige, fast paradoxale Konstellation ab: auf der einen Seite ein extrem starker Autor, Alexander von Humboldt, der mit dieser Vorlesung in der für ihn charakteristischen Art und Weise um die (offene)

Struktur einer raumzeitlichen Naturgeschichte ringt. Auf der anderen Seite aber ein Text, den es so niemals gegeben hat bzw. der selbst bereits eine nachträgliche (Re-)Konstruktion eines historischen Ereignisses ist: Denn weder ist das hier vorgelegte Manuskript von Humboldt selbst verfasst noch ist es von ihm zum wortwörtlichen Mitschreiben diktiert worden. Dieser Text ist zwar auf dem Titelblatt ausgewiesen als »Vorgetragen von Alexander von Humboldt«, (vgl. Abb. 1) ist aber niemals von diesem autorisiert oder gar zur Veröffentlichung freigegeben worden.[31] Es handelt sich, wie eingangs bemerkt, um eine *Nachschrift*, d. h. um eine auf Grundlage von Notizen aus dem Vorlesungssaal nachträglich angefertige Reinschrift (vgl. Abb. 4) dessen, was während des Vortrags in Stichworten festgehalten werden konnte. Wie bei vielen ähnlichen Erzeugnissen vermerkt das Manuskript an prominenter Stelle den Namen des Vortragenden, nirgends aber den des Schreibers oder der Schreiberin – oder der möglicherweise weiteren Personen, die, wie in anderen Nachschriften zu beobachten, gemeinsam an dem Text gearbeitet haben könnten.

Aus diesem Grund und auch, weil die Akzessionsjournale der Königlichen Bibliothek bzw. der heutigen Staatsbibliothek zu Berlin hierzu keine Informationen liefern, wurde dieses bislang als anonym verfasstes Heft geführt. Dessen Schreiber bzw. Schreiberin (sowie ggf. weitere an dessen Herstellung beteiligte Personen) treten dadurch umso mehr hinter dem Vortragenden in den Hintergrund; so weit, dass man ihre Stimme durchaus leicht überhören, ihren nicht zu unterschätzenden Anteil an der Textherstellung allzu leicht

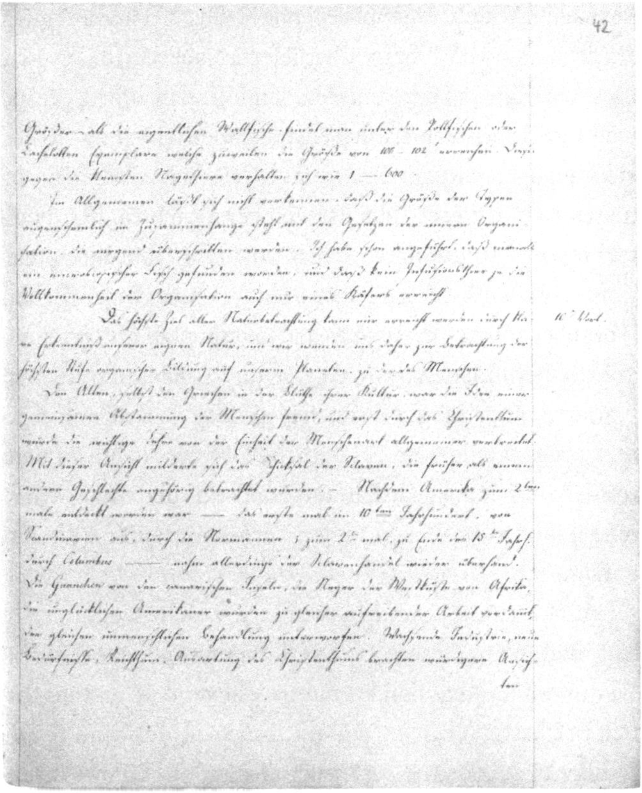

Abb. 4: Eine Seite aus Henriette Kohlrauschs Nachschrift der ›Kosmos-Vorträge‹, Ende 9./Beginn 10. Vorlesung (Kohlrausch 1827/28, Bl. 42r).

Hier, wie auf fast allen Seiten des Manuskripts, erscheint die Handschrift wie in einem Zuge ausgeführt; das Schriftbild ist ruhig und sehr sauber, ohne Verschreibungen oder notwendige Korrekturen der Schreiberin.

übersehen könnte. Das vorliegende Heft ist nach bisherigem Kenntnisstand die einzige überlieferte Nachschrift der ›Kosmos-Vorträge‹ an der Sing-Akademie und insofern, gerade weil autorisierte Papiere des Vortragenden fehlen, zweifellos ein immens wichtiger Textzeuge dieses historischen Ereignisses. Es gibt dieses jedoch in einer erst nachträglich, nach mehreren Vermittlungs-, Transformations- und Interpretationsschritten fixierten Form wieder – vom gesprochenen Wort über den davon aufgefassten und spontan für notationswürdig befundenen Sinn, das davon in abgekürzter Form Notierte, über möglicherweise weitere Stufen und eine mehr oder weniger große zeitliche Distanz bis hin zu dem reinschriftlich ausgearbeiteten Fließtext, der einzig erhalten geblieben ist – eben in der *Nachschrift* einer weiteren Person.

Dies führt uns erneut zu der Frage, welche weiteren Autorschaften mit diesem Text verbunden sind oder schlicht: Wer überhaupt hat den konkret vorliegenden Text eigentlich *verfasst*? Springen wir nochmals zurück zum 6. Dezember 1827, in das neu eröffnete Gebäude der Sing-Akademie. Dessen Großer Saal ist im Parkett und auf der Empore bis auf den letzten Platz gefüllt. Das Publikum ist so divers wie im damaligen Preußen möglich. Zwar mag es nicht buchstäblich, wie Humboldt viele Jahre später, 1841, an Friedrich von Raumer schrieb, ›vom König zum Maurermeister‹ gereicht haben[32] – denn während der König, Friedrich Wilhelm III., sowie auch der Kronprinz[33] durchaus zu Gast waren, hätte sich der Maurer, jedenfalls sofern dieser noch werktätig und ohne Meisterbrief gewesen wäre, wochentags zwischen 12 und 14 Uhr einen regelmäßigen Besuch der Vorlesungen wohl kaum erlauben dürfen. Jedoch hatte Humboldt zumindest alle Anstrengungen unternommen, um möglichst viele Interessierte zu gewinnen: Von der ersten Ankündigung an hatte sich der Vortragende ein ›gemischtes‹ Publikum gewünscht – was durchaus auf eine gewisse soziale Mischung bezogen werden kann. In erster Linie und explizit aber wollte Humboldt damit die Ansprache an »Herren *und* Damen« richten.[34] Denn während Frauen bis zum Ende des 19. Jahrhunderts von preußischen Universitäten und somit auch vom Besuch der dortigen ›Kosmos-Vorträge‹ ausgeschlossen waren, hatte Humboldt sie ausdrücklich in der soeben zitierten Ankündigung des zweiten Zyklus in die Sing-Akademie eingeladen, um sich über die »Physikalische Geographie« zu informieren. Zudem trug der finanziell stets klamme[35] Freiherr »die nicht unbeträchtliche Ausgabe für Miethe und Heitzung des Saales«, um seinen Zuhörerinnen und Zuhörern einen kostenfreien Eintritt zu ermöglichen.[36]

2 Henriette Kohlrausch

Unter diesen Zuhörerinnen und Zuhörern ist auch Henriette Kohlrausch, geborene Eichmann. Sie stammte aus Hannover, wo sie 1781 als Tochter des Ehepaars Male und Johann Wilhelm Eichmann geboren wurde. Während über ihre Mutter wenig bekannt ist, wissen wir zumindest, dass ihr Vater aus recht einfachen Verhältnissen kam und sich den Status

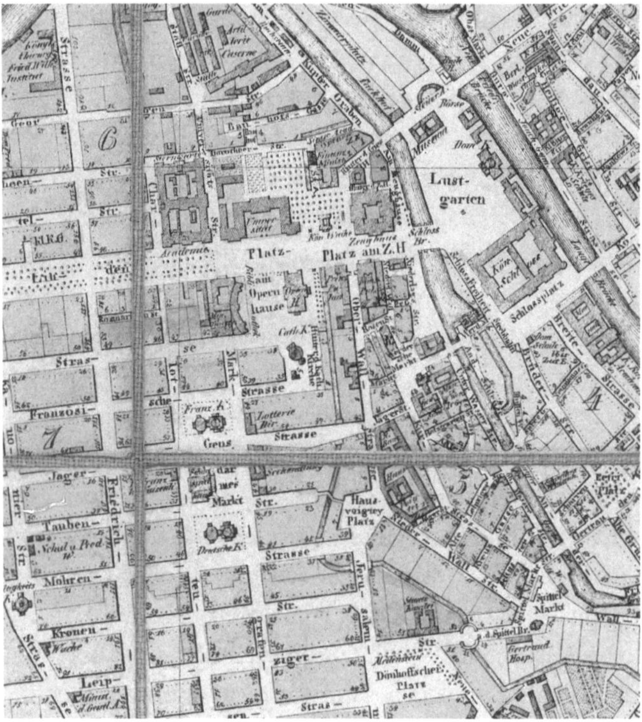

Abb. 5: Stadtplan Berlins aus dem Jahr 1826.

Deutlich erkennbar die Prachtstraße Unter den Linden, die über den Platz am Opernhause und das Zeughaus zum Lustgarten und zum Königlichen Stadtschloss führt. Mit der Akademie, der Universität und dem sich noch im Bau befindlichen Gebäude der Sing-Akademie, bereits als »Sg. A.« eingezeichnet, finden sich hier die wesentlichen Wirkungsstätten Humboldts. Er selbst wohnte seit seiner Rückkehr nach Berlin nur wenige Minuten entfernt, »Hinter dem neuen Packhofe« Nr. 4, auf der heutigen Museumsinsel.

eines Geheimen Oberfinanz- und Kriegsrats erarbeitet hatte.[37] Henriette lebt als junge Frau in Berlin, wo ihre ältere Schwester Charlotte sich 1806 mit dem Verleger Friedrich Parthey vermählt. Beide Eheleute waren zuvor mit jeweils einem Spross des bekannten Berliner Verlagsbuchhändlers Friedrich Nicolai und dessen Frau Elisabeth Macaria, geb. Schaarschmidt, verbunden: Charlotte Eichmann mit David Nicolai, der 1804 verstorben war, und Friedrich Parthey mit Wilhelmine Nicolai, die ein Jahr zuvor, 1803, verstorben war. Aus dieser ersten Ehe bringt der 61-jährige Bräutigam zwei Kinder in die neue Verbindung ein: Lili und Gustav, zu denen sich 1807 mit Moritz ein gemeinsamer Sohn Charlotte und Friedrich Partheys gesellt.

Das Leben dieser drei Generationen und eng verwobenen Familienstränge[38] konzentriert sich um das heute so genannte »Nicolaihaus« in der Brüderstraße Nr. 13. Henriette Eichmann, zu diesem Zeitpunkt noch unverheiratet, führt dem alten Friedrich Nicolai bis zu dessen Tod 1811 den Haushalt und bleibt dem Haus und seinen Bewohnerinnen und Bewohnern weiterhin über Jahre eng verbunden. Auch ihr Vater lebt bis zu seinem Tod 1829 in der Luisenstadt, gar nicht weit entfernt in der Leipziger Straße (vgl. Abb. 5), wie die historischen Adressbücher belegen. Offensichtlich bringt Henriette sich auch in die Erziehung und Bildung ihrer Nichte und ihres Neffen ein, jedenfalls räumen beide, Lili und Gustav Parthey, ihrer »Tante Jettchen« in ihren später gedruckten Kindheits- und Jugenderinnerungen einen besonderen Platz ein. Sie zeichnen das Bild einer selbstbewussten und vielseitig gebildeten jungen Frau.[39] Ihr Neffe Gustav Parthey wird später, als inzwischen promovierter Privatgelehrter, ebenfalls die ›Kosmos-Vorträge‹ Alexander von Humboldts besuchen. Allerdings hört er die Vorträge an der Berliner Universität und fertigt von diesem 62-stündigen Kursus, ebenso wie seine Tante in der Sing-Akademie, eine sehr akkurate und überaus umfangreiche Nachschrift an.[40]

Im Haus in der Brüderstraße herrscht des Öfteren reger Betrieb: Nicht nur wegen der angebundenen Verlagsbuchhandlung und der weit über die Landesgrenzen bekannten Privatbibliothek Friedrich Nicolais gehen bedeutende Persönlichkeiten der damaligen Gesellschaft ein und aus – und hier lernt Henriette Eichmann den Arzt und (späteren) Geheimen Obermedizinalrat Heinrich Kohlrausch kennen, der häufig zu Besuch ist, seit er an der Charité praktiziert. Diese Stellung verdankt er auch der Fürsprache und Vermittlung seines früheren ›Arbeitgebers‹, Wilhelm von Humboldt, dessen Familie er ab 1803 in Rom als Hausarzt betreut hatte. Mit Alexander von Humboldt ist Heinrich Kohlrausch aus dessen Pariser Zeit bekannt. 1815 heiraten Henriette Eichmann und Heinrich Kohlrausch, der jedoch nur etwas mehr als zehn Jahre später, 1826, stirbt. Seine Witwe bleibt über die Jahre der ›Kosmos-Vorträge‹ hinaus in Berlin. Erst um 1837 zieht sie zurück in ihre Geburtsstadt, wo sie Königin Friederike von Hannover als ›Gesellschaftsdame‹ und enge Vertraute zur Seite steht. Eine besondere Wertschätzung dieses Verhältnisses zeigt sich in dem heute denkmalgeschützten Grabmal der 1842 verstorbenen Henriette Kohlrausch, das König Ernst August von Hannover ihr zu Ehren als Würdigung »ihrer treuen Anhänglichkeit an die hochseelige

Königin Friederike« auf dem Alten St.-Nikolai-Friedhof in Hannover ausführen ließ.[41]

Durch die Verbindungen ihres Gatten zu Alexander und zu Wilhelm von Humboldt und dessen Familie – aber sicherlich schon früher und unabhängig davon, durch sehr wahrscheinliche Begegnungen im Hause Nicolai sowie in der weiteren Berliner Gesellschaft – pflegt Henriette Kohlrausch einen vertrauten Umgang mit Caroline von Humboldt. Allem Anschein nach verdankt sie dieser sogar ihren Zugang zu den ›Kosmos-Vorträgen‹: Denn obwohl in der Sing-Akademie, wie oben geschildert, Frauen ausdrücklich eingeladen sind und der Eintritt kostenfrei ist, so sind doch für den Besuch der Vorträge hier wie dort (personalisierte) Eintrittskarten vorzuzeigen (vgl. Abb. 6). Solche zu beschaffen, bittet Henriette Kohlrausch die Schwägerin des Vortragenden, und selbst für diese scheint es nicht leicht zu sein, diesen Wunsch zu erfüllen. Aber immerhin verspricht Caroline von Humboldt in einem undatierten, vermutlich wenige Tage vor Beginn der Vorträge in der Sing-Akademie versandten Brief an Henriette Kohlrausch: »Ich will *versuchen*, theure Freundin, Ihnen 3 Billete zu Alexanders Vorlesungen zu verschaffen.«[42]

Nach diesem kursorischen Überblick über Henriette Kohlrauschs Biographie und einige ihrer Verbindungen und Beziehungen interessiert im Folgenden selbstverständlich vor allem ihr Leben in den 1820ern, zur Zeit der ›Kosmos-Vorträge‹. In diesen Jahren nimmt sie an der bürgerlichen Gesellschaft Berlins regen Anteil; ihre Bekanntschaft mit Carl Friedrich Zelter, dem damaligen Direktor der Sing-Akade-

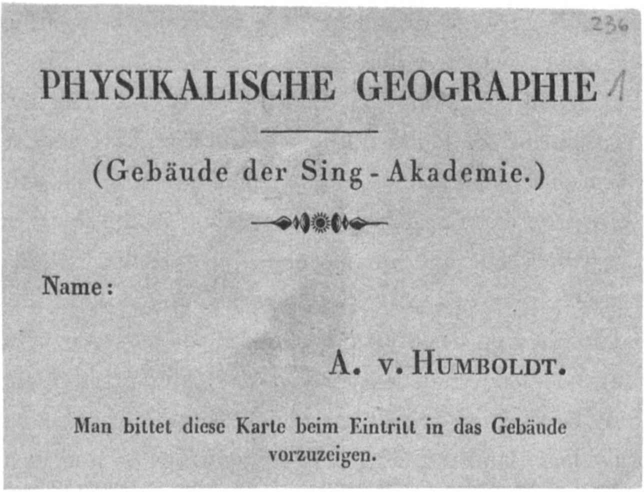
PHYSIKALISCHE GEOGRAPHIE

(Gebäude der Sing-Akademie.)

Name:

A. v. Humboldt.

Man bittet diese Karte beim Eintritt in das Gebäude vorzuzeigen.

Abb. 6: Eintrittskarte zu den Vorträgen über »Physikalische Geographie [im] Gebäude der Sing-Akademie«, aus dem Nachlass der Familie Mendelssohn.

Diese Karte schickte Humboldt persönlich als Einladung zum letzten Vortrag an der Sing-Akademie am 27. März 1828 an den Bankier Joseph Mendelssohn. Offen ist, ob der Angeschriebene selbst, ein Familienmitglied oder Bekannter diese Karte tatsächlich nutzte, da kein Name der Besucherin bzw. des Besuchers vermerkt wurde. Sicher ist jedoch, dass Mendelssohns Nichte, Fanny Mendelssohn Bartholdy, regelmäßig Humboldts Vorträge an der Sing-Akademie besuchte, während ihr Bruder Felix den Zyklus in der Berliner Universität hörte. (Vgl. Humboldt/Mendelssohn 2011, S. 20 sowie S. 58.)

mie, verbindet sie zugleich mit dieser Chorvereinigung, sie besucht Salons, in deren Kreisen sie auch Alexander von Humboldt bereits begegnet sein könnte, usw. Diese Umtriebigkeit ist nicht etwa ein Ausdruck von Oberflächlichkeit, etwa dem Bedürfnis nach Anschluss an die ›schöne Welt‹, sondern erwächst offensichtlich aus echter Geselligkeit und dem aufrichtigen Interesse am Austausch mit anderen.

Sie ist an verschiedenen Wissensgebieten interessiert, spricht mehrere Sprachen und sucht sich stets weiterzubilden, sei es im Bereich der Physik, der Chemie, der Mineralogie oder in ihrem Lieblingsfach, der Botanik.[43] Ihrer Beschäftigung mit dem zuletzt genannten Fach zu Ehren wird Carl Sigismund Kunth, der unter anderem gemeinsam mit Alexander von Humboldt und Aimé Bonpland die pflanzenkundlichen Erträge von deren Amerikareise ausgewertet hatte, in seiner *Flora Berolinensis* von 1838 eine Spezies der Nelkengewächse mit dem schönen Namen »Kohlrauschia« belegen.[44] Ihre Korrespondenz, beispielsweise mit dem bereits genannten Zelter, dem (damals) bekannten Schriftsteller und Publizisten Leopold F. G. von Goeckingk, dem Theologen Johann Joachim Bellermann und anderen, deutet darüber hinaus auf Henriette Kohlrauschs musikalische, literarische und altertumskundliche Bildung hin.[45] Gemeinsam mit dem Dichter Christoph August Tiedge verbessert sie während einer längeren Reise mit Elisa von Recke von Karlsbad nach Böhmen ihre Kenntnisse des Lateinischen, womit sie sich »schon früher zur Erlernung der Botanik« beschäftigt hatte.[46] Friedrich Kohlrausch, der bekannte Pädagoge, hebt an seiner Cousine Henriette ebenfalls »ihre Kenntnisse in den Naturwissenschaften, namentlich in der Botanik« hervor: diese »waren selbst von Sachkennern anerkannt«. Überhaupt betont er die »vorzüglichen Eigenschaften ihres Geistes« sowie »ihre vielseitige Bildung«.[47]

Die hier vorangestellte, ausführlichere Charakterisierung speziell dieser einen Besucherin der ›Kosmos-Vorträge‹ ist deshalb aufschlussreich, weil im Verlauf der Editionsarbeit und anschließender Recherchen ebendiese Henriette Kohlrausch eindeutig als Verfasserin des hier vorgelegten Manuskripts identifiziert werden konnte.[48] Insbesondere für sie, wie sicherlich für viele Weitere, können wir als Motivation für ihre Teilnahme von sehr viel mehr als der bloßen Sensationslust an dem ›Event‹, das die Vorträge Humboldts waren, ausgehen. Nicht erst die Anfertigung einer so akkuraten Nachschrift wie die vorliegende läßt ein deutlich darüber hinausgehendes, echtes inhaltliches Interesse an den behandelten Themen – und eine Auseinandersetzung mit diesen Gegenständen auf Grundlage einer weitreichenden Sachkenntnis erwarten.

Der erste Hinweis auf Henriette Kohlrausch als Verfasserin – oder zunächst möglicherweise auch ›nur‹ Vorbesitzerin – des hier edierten Manuskripts fand sich auf einer anonymen Kopie desselben, die seit Anfang 2018 im Besitz eines privaten Sammlers in Norwegen ist. Diese wurde, allem Anschein nach vom Schreiber selbst, als »Abschrift des Heftes der Frau Geheimräthin Kohlrausch«[49] gekennzeichnet (vgl. Abb. 7). Handelte es sich bei jenem Heft, das hier

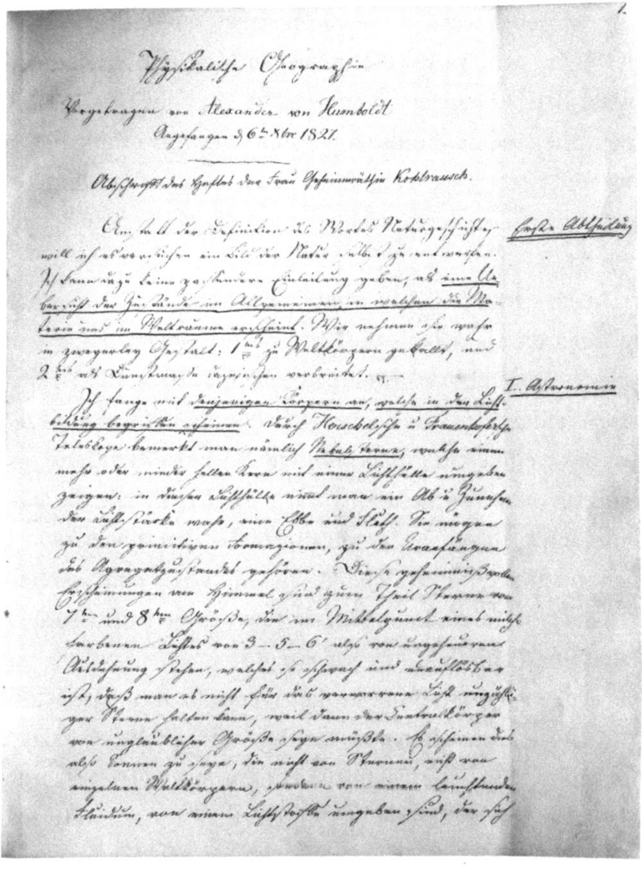

Physikalische Geographie

Vorgetragen von Alexander von Humboldt

Angefangen d. 6ten 8br 1827.

Abschrift des Heftes der Frau Geheimräthin Kohlrausch.

Abb. 7: Titel und Beginn einer Abschrift der hier edierten Nachschrift.

Zwischen Titel und Beginn der »Erste[n] Abtheilung« vermerkte der anonyme Schreiber seine Vorlage als »Abschrift des Heftes der Frau Geheimräthin Kohlrausch.«

abgeschrieben worden war, um das in dieser Edition präsentierte Ms. germ. qu. 2124? Durch einen Vergleich handschriftlicher Briefe Henriette Kohlrauschs[50] mit der Handschrift im vorliegenden Manuskript konnte die Vermutung bestätigt und gezeigt werden, dass Henriette nicht nur die Vorbesitzerin, sondern tatsächlich auch die *Verfasserin* desselben ist.

Allein schon durch die Charakterisierung Henriette Kohlrauschs, die als selbstbewusste Frau auch gegen die Widerstände ihrer Zeit nach Bildung sucht und strebt, sollten sich alle – leider ebenfalls zeittypischen – Spötteleien auf Kosten des weiblichen Publikums der ›Kosmos-Vorträge‹[51] erledigt haben. Die Lektüre ihrer Nachschrift, die die von Humboldt auf dem zeitgenössisch aktuellen Wissensstand behandelten Themen ebenso detail- wie kenntnisreich wiedergibt, führt die bewundernswürdige Auffassungs-, Filter- und Kondensationsleistung Henriette Kohlrauschs vor Augen. Nicht nur hat sie die diversen und zum Teil diffizilen Inhalte der ›Kosmos-Vorträge‹ offensichtlich erfasst und die wesentlichen Fakten und Daten korrekt festgehalten, sie hat es auch verstanden, diese schlüssig und wohl formuliert wiederzugeben. Dass ihr Name nun neben dem Alexander von Humboldts im Titel dieses Bandes erscheint, ist damit nur folgerichtig.

3 Editoren und Community

Die der vorliegenden Edition zugrundeliegende Nachschrift war bereits Gegenstand der ersten gedruckten Ausgabe der ›Kosmos-Vorträge‹ aus der Sing-Akademie, die 1993 von Jürgen Hamel und Klaus-Harro Tiemann im Insel Verlag besorgt wurde (*insel taschenbuch* 1540). 2004, zum zweihundertsten Jubiläum der Wiederkehr Humboldts aus Amerika, erschien eine textidentische zweite Auflage (*insel taschenbuch* 3065).

Allein die im vorigen Absatz gegebenen, bisher unbekannten Informationen über die Verfasserin der Nachschrift sowie die Tatsache, dass beide Auflagen der früheren Ausgabe vergriffen sind, würden bereits eine neue Edition dieses Textes rechtfertigen. Doch lassen sich noch weitere, mindestens ebenso gewichtige Gründe anführen, den Text des Manuskripts hier, eingeleitet von einem zeitgemäßen Vorwort, erneut erscheinen zu lassen. Zum einen wurde der wiedergegebene Text der Nachschrift selbst, somit das Kernstück der Quellenedition, anhand der handschriftlichen Vorlage kritisch geprüft und intensiv korrigiert; zum anderen geht es uns auch darum, die ›Lektürevorgaben‹, die die beiden Herausgeber der früheren Ausgabe in ihrem Vorwort gesetzt haben, um aktuelle Fragen und Perspektiven zu ergänzen. Denn so verdienstvoll die Erstausgabe war – sie stellte erstmals einer seit 1934 im Druck vorliegenden Nachschrift der ›Kosmos-Vorträge‹ aus der Berliner Universität[52] einen Textzeugen aus der Sing-Akademie in einer leicht zugänglichen Printversion zur Seite –, so stark ist sie zwangsläufig

Kind ihrer Zeit und damit selbst ein historisches Ereignis in der Rezeptionsgeschichte von Humboldts Vorlesungen. Wie, anders gefragt, lassen sich Hamel und Tiemann in die Genealogie der Rezeption der ›Kosmos-Vorträge‹ eingliedern?

Ihre Aufmerksamkeit richteten beide in ihrem Vorwort mehr auf die Begleitgeräusche, indem sie darin stärker die enthusiastischen zeitgenössischen Berichte *über* das Ereignis ›Kosmos-Vorträge‹ referiert, als die darin behandelten Themen vorgestellt haben. Humboldts Vorträge, insbesondere diejenigen an der Sing-Akademie, wurden vor allem in ihrer Vorbildlichkeit für die »Hebung der wissenschaftlichen Allgemeinbildung des Volkes«, eben für die »Popularisierung der Wissenschaften«, gewürdigt.[53] Diese sicher auch von Humboldt mitintendierte Wirkung der ›Kosmos-Vorträge‹ soll hier nicht bestritten werden – nur wurden bislang eben kaum deren Inhalte thematisiert. Zudem hatte, wie oben bereits ausgeführt, die Betonung der öffentlichen Wirkung der ›Kosmos-Vorträge‹ den Rezeptionseffekt, diese als populärwissenschaftliches Gründungsereignis zugleich zu überhöhen wie inhaltlich abzuwerten. Diese beiden Interpretationspole in ein ausgewogeneres Verhältnis zu rücken, dazu möchte der vorliegende Band ausdrücklich anregen und auffordern.

Die vorliegende Ausgabe präsentiert die Nachschrift Henriette Kohlrauschs in einer neuen, gegenüber der früheren Ausgabe intensiv überarbeiteten Lesefassung. Sie basiert auf der elektronischen Volltextausgabe des *Deutschen Textar-*

chivs (DTA) der Berlin-Brandenburgischen Akademie der Wissenschaften (BBAW). Dieser Volltext wurde in Kooperation mit der BBAW im Rahmen des Projekts *Hidden Kosmos* erstellt, das zwischen 2014 und 2016 aus Mitteln der Exzellenz-Initiative an der Humboldt-Universität zu Berlin gefördert und von den beiden Herausgebern dieses Bandes geleitet bzw. koordiniert wurde.[54] Die innerhalb des Projekts bearbeiteten Nachschriften – insgesamt neun mit Bezug auf Humboldts zuerst begonnenen Kurs an der Berliner Universität sowie die hier edierte Nachschrift und zwei dazugehörige Abschriften mit Bezug zum zweiten Kursus an der Sing-Akademie – sind nun als vollständige Bilddigitalisate sowie (bis auf zwei Ausnahmen, die nicht mehr berücksichtigt werden konnten) tief annotierte elektronische Volltexte über das DTA-Portal frei verfügbar.[55]

Im Verlauf der Projektarbeit wurden auch von dem dieser Edition zugrundeliegenden Manuskript zunächst hochauflösende Farbscans angefertigt. Anschließend wurden diese Scans der Handschrift mit dem Text der Ausgabe Hamel/Tiemann 1993 verglichen; in Zweifelsfällen wurde das physische Original in der Handschriftenabteilung der Staatsbibliothek konsultiert. Bei dieser Kollation der früheren Edition von 1993 bzw. 2004 mit deren handschriftlicher Vorlage konnten mehrere Transkriptions- und Auszeichnungsfehler ermittelt und korrigiert werden. Auf deren Ausweis im Einzelnen sowie auf einen komplexen textkritischen Apparat kann hier umso leichter verzichtet werden, da beides in der Online-Fassung im DTA nachprüfbar ist. Auch editorische Eingriffe wie das Auflösen von Abkürzungen oder die Korrektur der (wenigen) offensichtlichen Fehler und Falschschreibungen usw. werden im vorliegenden Band nicht durch diakritische Zeichen kenntlich gemacht.

In diesem Sinne bietet die an dieses Vorwort anschließende Edition eine konsequente *Lesefassung* der Nachschrift, deren Grundlage online im *Deutschen Textarchiv* sowohl anhand der Faksimiles der Handschrift als auch anhand des dort wiedergegebenen annotierten Volltextes zur Überprüfung herangezogen werden kann. Die durchgehende Angabe der Foliierung des Manuskripts in diesem Band erleichtert (alternativ zu einer gezielten Volltextsuche) die Ermittlung der Vergleichsstellen in der digitalen Ausgabe im DTA. Somit bietet die vorliegende Edition erstmals in gedruckter Form eine zuverlässige, textkritisch abgesicherte Lesefassung jenes »Heftes der Frau Geheimräthin Kohlrausch«, das uns bis dato als einziges vollständiges Zeugnis der ›Kosmos-Vorträge‹ Alexander von Humboldts an der Berliner Sing-Akademie bekannt ist.

4 Ein Autorengeflecht

Kommen wir abschließend noch einmal auf die Eingangsfrage nach der Autorschaft der ›Kosmos-Vorträge‹ zurück. Je genauer wir uns mit der Rezeptionsgeschichte dieses Ereignisses vom Winter 1827/28, den überlieferten Texten, den involvierten Medien und den handelnden Akteuren beschäftigt haben, umso problematischer wurde eine Beschreibung, deren narratives Zentrum in der Person Alexander von Humboldts lag. Oder um es mit Bruno Latour zu formulieren: Die elementare Geste eines Punktes, von dem aus man die Dinge erklären kann, ist hinfällig geworden.[56] Die Konstruktion eines starken, singulären Autors Alexander von Humboldt versagt als archimedischer Hebel, um die ›Kosmos-Vorträge‹ in ihrer ganzen Komplexität zu begreifen.

So überzeugend die daraus resultierende Strategie der Dezentrierung in ihrer Programmatik ist, so herausfordernd ist jedoch ihre Umsetzung. Dem Wunsch nach Erklärung sollte durch die Präzision von Beschreibungen begegnet werden. Deshalb wurde mit diesem Vorwort ein erster Versuch unternommen, das diskursive Geflecht der ›Kosmos-Vorträge‹ zu entfalten und den einzelnen Akteuren bis in die feinsten Verästelungen hinein zu folgen. Allerdings wurde dabei sehr schnell klar, dass viele wichtige Elemente in diesem diskursiven Geflecht außen vor gelassen werden mussten. So wurde beispielsweise das enorme Korrespondentennetz Humboldts nicht thematisiert, obwohl dieses entscheidend für die Verdichtung der in Südamerika gewonnenen Forschungsdaten zu einer »Physikalischen Geographie« gewesen ist. Ebenso haben wir sowohl die Tradition der öffentlichen Vorträge als auch die Geschichte der Kurzschriftsysteme allenfalls angerissen und ihre Schreibmedien in keinen breiteren Kontext gestellt.

Diese Liste der ausgelassenen Beschreibungen ließe sich nahezu beliebig verlängern. Doch mit jeder neuen Beschreibungsebene, mit jeder weiteren Verkomplizierung des Akteursnetzwerks ›Kosmos-Vorträge‹ trat eine Erkenntnis umso zwingender hervor: Dass der von der Schreiberin Henriette Kohlrausch angefertigte Text keine bloße Nachschrift einer prominenten populärwissenschaftlichen Vorlesung ist. Vielmehr handelt es sich um einen sehr eigenen, starken Text, dessen Ermöglichungsbedingungen wiederum in einem eigenen Akteursnetzwerk liegen. Die Situation ist also in gewisser Weise paradox: Die Dekonstruktion der Autorschaft Alexander von Humboldts führt zur Konstruktion einer neuen Autorschaft Henriette Kohlrauschs. Dabei muss die Frage, inwiefern die Auflösung alter Reduktionen zwangsläufig mit dem Entstehen neuer Reduktionen verbunden ist, sicherlich erst einmal offenbleiben.[57]

Umso wichtiger erscheint es uns, an dieser Stelle nochmals nachdrücklich darauf hinzuweisen, dass mit der Entscheidung, Henriette Kohlrausch in die Autorschaft der ›Kosmos-Vorträge‹ zu integrieren, das Ineinandergreifen von Mitspieler und Effekt keinesfalls stillgestellt wird. Vielmehr lässt sich noch nicht einmal mit Sicherheit sagen, ob der von ihr angefertigte Fließtext tatsächlich auf ihre eigenen Aufzeichnungen oder auf die einer weiteren Person zurückgeht. Möglich – wenngleich nicht sehr wahrscheinlich – wäre sogar, dass auch Kohlrauschs Text selbst eine Abschrift eines anderen Heftes ist. Wahrscheinlicher dagegen ist, und damit würde Henriette Kohlrausch ihrerseits stärker zu einem Effekt des Akteursnetzwerkes, dass in die Genealogie der Mit- und Abschriften noch weitere, uns unbekannte Personen einverwoben sind und dies eventuell sogar schon während der Vorlesungen selbst. Möglicherweise ist die Situation in der Sing-Akademie 1827/28 sogar so komplex, dass sie sich gar nicht in einzelne Akteure, Handlungen und Medien auflösen lässt.

Es bleibt damit allein: der Text. Er vermittelt heutigen Leserinnen und Lesern, dass Autorschaft nicht erst mit dem Ende der Gutenberg-Galaxis zu einer fragilen und fragwürdigen Konstruktion geworden ist. Und er ermöglicht die fortwährende Rekonstruktion eines historischen Ereignisses, in dem sich unterschiedlichste Akteure zu einem Knotenpunkt der europäischen Wissensgeschichte verdichten.

Christian Kassung und Christian Thomas

ANMERKUNGEN

1 Dieses Zitat »Aus Ottiliens Tagebuche« in Johann Wolfgang von Goethes fast zwanzig Jahre vor den ›Kosmos-Vorträgen‹ erschienenen *Wahlverwandtschaften* stellte der anonym gebliebene Verfasser einer Nachschrift derselben aus der Berliner Universität seinem Heft voran, vgl. N. N. 1827/28, S. II (Kursive im Original in lateinischer Handschrift). Wir zitieren den von der gedruckten Fassung, Goethe 1809, S. 150, leicht abweichenden Text nach dieser handschriftlichen Vorlage. Zu diesen beiden und allen weiteren im Vorwort genannten Titeln vgl. die Bibliographie am Schluss des Bandes. Auf den Text der hier vorgelegten Edition wird im Haupttext des Vorworts jeweils mit Seitenzahl und Blattnummer verwiesen.

2 Das Manuskript entstammt ursprünglich dem Bestand der Königlichen Hausbibliothek und wird seit 1965 in der Staatsbibliothek zu Berlin – Preußischer Kulturbesitz (SBB-PK) verwahrt. Für weitere Angaben siehe den der Bibliographie vorangestellten Eintrag Kohlrausch 1827/28.

3 Informationen zur Person Alexander von Humboldts geben zahlreiche Biographien, zuletzt Daum 2019 sowie das umfassende *Alexander von Humboldt-Handbuch* (Ette 2018); zu den Stationen seines Lebens vgl. die fortlaufend aktualisierte und erweiterte *Alexander von Humboldt-Chronologie* der Berlin-Brandenburgischen Akademie der Wissenschaften (BBAW). Zu allen weiteren im Vorwort sowie im edierten Text erwähnten Personen siehe das Register am Schluss des Bandes.

4 Viele Hörer, v. a. von universitären, aber – wie nicht zuletzt das vorliegende Manuskript beweist – auch Hörer und Hörerinnen von außeruniversitären Vorträgen fertigten oft sehr umfangreiche, in Reinschrift ausgeführte Nachschriften derselben an. Solche ›Collegehefte‹ konnten für die eigene Erinnerung und

die spätere Rekapitulation des Stoffes dienen. Sie wurden aber unabhängig davon auch, teils gegen Entgelt, als Vorlage für Abschriften weitergegeben. In dieser Form sowie teilweise auch im Druck wurden die Hefte somit vervielfältigt und weiter verbreitet. Vgl. z.B. Christian August Fischers *Erprobte Anleitung zum zweckmäßigsten Hören und Nachschreiben sowohl der Academischen als der höheren Gymnasial-Vorlesungen* (Fischer 1826) als eine Humboldt-zeitgenössische Anleitung zum Anlegen solcher Hefte.

5 Vgl. dazu die laufende Edition der Amerikanischen und der Russisch-Sibirischen Reisetagebücher Alexander von Humboldts sowie damit zusammenhängender Dokumente im Rahmen der *edition humboldt digital* des Akademienvorhabens »Alexander von Humboldt auf Reisen – Wissenschaft aus der Bewegung« an der BBAW, URL: https://edition-humboldt.de/.

6 Vgl. A. v. Humboldt an Marc-Auguste Pictet, Bayreuth, 24. Januar 1796: »Je conçus l'idée d'une physique du monde.« – Dieser Brief gilt allgemein als frühester Beleg der sogenannten ›Kosmos-Idee‹, d.h. des Plans, eine ›physi(kali)sche *Welt*beschreibung‹ zu verfassen. (Vgl. *Alexander von Humboldt-Chronologie*, 24. Januar 1796, Zit. ebd.)

7 So empfiehlt auch der bereits erwähnte Christian August Fischer, sich eine »einfache Tachygraphie oder Schnellschreibekunst« anzueignen, die offensichtlich auf individuelle Ausprägungen abzielt. Dem angesprochenen ›jungen Studirenden‹ wird geraten, sich »am Ende sein *eigenes* Abbreviatursystem, oder sein *eigenes* tachygraphisches Alphabet« anzulegen (Fischer 1826, S. 67; Herv. der Hrsg.). Die ebd. ab S. 63 abgedruckten Beispiele einer solchen »Tachygraphie« veranschaulichen den hohen Grad an Eigenwilligkeit dieser Notationssysteme und zeigen darüber hinaus im Vergleich zu dem jeweils vorangestellten Vortragstext, dass das Ziel der jeweils »nachgeschriebene[n] abbrevirte[n] Skizze« – und somit auch der daraus erstellten Nach-

schrift – nicht die wörtliche Wiedergabe des Gesagten, sondern eben dessen »Concentration« und »Abbrevirung« ist.

8 Zu Humboldts Nachlass allgemein vgl. Erdmann/Weber 2015; speziell zu den darin teilweise überlieferten, allerdings stark überarbeiteten Manuskripten Humboldts zu den ›Kosmos-Vorträgen‹ siehe Erdmann/Thomas 2014.

9 Vgl. Thomas 2019 zur Überlieferung der ›Kosmos-Vorträge‹ in verschiedenen, prinzipiell gleichwertigen Versionen und allgemeiner zur These der Unmöglichkeit einer definitiven ›Rekonstruktion‹ derselben.

10 Mit Stand Mai 2019 konnten neun individuelle Nachschriften der ›Kosmos-Vorträge‹ an der Berliner Universität ermittelt werden. Siehe dazu den Überblick auf den Seiten des Instituts für Kulturwissenschaft der Humboldt-Universität zu Berlin, Projekt *Hidden Kosmos*, https://www.culture.hu-berlin.de/de/forschung/projekte/hidden-kosmos/veroeffentlichte-nach schriften. Aufgrund der großen Zuhörerzahlen Humboldts in beiden Vortragszyklen sowie der weiten Verbreitung der Praxis des Mit- bzw. Nachschreibens ist es durchaus wahrscheinlich, dass nicht nur aus der Universität, sondern auch aus der Sing-Akademie weitere, bisher unbekannte Hefte existieren.

11 Alexander von Humboldt ist hier einer der Protagonisten im Plutonismus-Neptunismusstreit. Kurz vor seinem Wechsel nach Berlin wendet er sich öffentlich gegen den Neptunismus seines Lehrers Abraham Gottlob Werner, womit die aktuelle Erdgestalt als Abbild eines dynamischen Entwicklungsprozesses verstanden werden konnte. Vgl. hierzu z.B. Helmreich 2009.

12 Humboldt 1845-62, I, S. 284; Kursive im Original gesperrt.

13 So noch jüngst Schaper 2018, S. 17.

14 Verzeichniß 1827, S. 6; Kursive im Original gesperrt.

15 Alexander von Humboldt: Vorlesungsverzeichnisse für die Sing-Akademie und die Berliner Universität SBB-PK, Nachl. Alexan-

der von Humboldt, gr. Kasten 8, Nr. 5a. http://kalliope-verbund.info/DE-611-HS-1288811.

16 Humboldt 1845-62, I, S. IX–X. Im weiteren Kontext beinhaltet dieses Zitat zugleich eine der wenigen überlieferten Äußerungen Humboldts zu der Frage, worin seine Motivation bestand, sich zusätzlich zu seinen (verpflichtenden) Vorträgen an der Akademie und seinen Aufgaben als Kammerherr freiwillig die gleich doppelte Bürde solch umfangreicher Vortragsreihen aufzuladen: »Da öffentliche Vorträge ein leichtes und entscheidendes Mittel darbieten, um die gute oder schlechte Verkettung einzelner Theile einer Lehre zu prüfen, so habe ich viele Monate lang erst zu Paris in französischer Sprache und später zu Berlin in unserer vaterländischen Sprache fast gleichzeitig in der großen Halle der Singakademie und in einem der Hörsäle der Universität Vorlesungen über die physische Weltbeschreibung, wie ich die Wissenschaft aufgefaßt, gehalten.« Demnach ging es ihm, zumindest zu einem wichtigen Teil und neben dem Ziel, auch die breitere Öffentlichkeit Preußens für seine wissenschaftsorganisatorischen Pläne zu bilden und zu gewinnen, um eine Probe aufs Exempel der Durchführbarkeit seiner ›Kosmos-Idee‹ bzw. einer ›physique du monde‹, wie sie ihm bereits seit den 1790er Jahren vorschwebte (vgl. dazu Anm. 6 oben).

17 Obgleich der ursprüngliche Vertrag mit dem Verleger Johann Friedrich von Cotta zur Herausgabe eines gedruckten Werkes basierend auf den ›Kosmos-Vorträgen‹ bereits vom 1./13. März 1828 datiert (siehe Leitner 2009, S. 643), so ist doch der nach vielen weiteren Jahren erst ab 1845 erscheinende *Kosmos* nicht einfach eine ›ausformulierte‹ Fassung der früheren Vorlesungen. Anders herum sollten ebendiese beiden Zyklen der Berliner Vorlesungen der Jahre 1827/28 jeweils für sich und gegenüber dem *Kosmos* als jeweils eigenständige, mündliche Publikationen Humboldts angesehen werden. Vgl. dazu beispielsweise die entsprechenden Ausführungen in Erdmann/Thomas 2014 so-

wie in Petra Werners Aufsatz zum *Kosmos* in Ette 2018, S. 73-79.

18 Vgl. in der vorliegenden Ausgabe S. 193 | Bl. 46r, wo Humboldt der Nachschrift zufolge darlegt, dass er in den ›Kosmos-Vorträgen‹ die »Hauptumrisse derjenigen Wissenschaft zu geben versuchte, welche am passendsten Weltbeschreibung genannt werden möchte, indem sie den Inbegriff der cosmischen und tellurischen Zustände umfaßt.« (Hervorh. im Orig.).

19 Anders als von Humboldt selbst in seiner handschriftlichen Übersicht über die Vorlesungen an der Berliner Universität (siehe Abb. 3 und 8 bzw. Anmerkung 15, ebd., Bl. 1r–2v) sowie im *Kosmos* (Humboldt 1845-62, I, S. XI) – und in der Folge in vielen Publikationen – angegeben, hielt Humboldt tatsächlich 62 und nicht 61 Vorträge an der Berliner Universität: Offensichtlich hatte er den Vortrag von Samstag, dem 8. März 1828 nicht notiert, obwohl er an diesem Tag gelesen hatte, wie mehrere der Nachschriften seiner Hörer aus der Universität, aber beispielsweise auch der Tageskalender Friedrich Schleiermachers – der zu Humboldts fleißigsten Hörern zählte – belegen.

20 Ursache für diese singuläre Unterbrechung der Vorlesung war das Königshaus selbst: Weil Friedrich Wilhelm III. wie auch Kronprinz Friedrich Wilhelm am 27. Dezember 1827 verhindert waren, bittet Humboldt am Vorweihnachtstag den Herausgeber der *›Spenerschen‹ Zeitung*, Samuel Heinrich Spiker, dies entsprechend anzukündigen: »Ich bin in großer Verlegenheit, mein Verehrter Freund, um mein Nichtlesen nächsten Donnerstag (wegen Abwesenheit des Königs und des Kronprinzen) in den Zeitungen anzukündigen. Wäre es durch Ihre Güte noch für morgen möglich?« Die entsprechende Nachricht erschien am Folgetag und kündigte die nächste Vorlesung in der Sing-Akademie zum 3. Januar 1828 an (vgl. Schwarz 2007, S. 51 (zit. ebd.) und S. 247).

21 Zit. nach Hamel/Tiemann 1993, S. 21.

22 Hamel/Tiemann 1993, S. 11.

23 Siehe, in der Reihenfolge der im Text aufgeführten Zitate, im vorliegenden Band: S. 85 | Bl. 9v; S. 137 | Bl. 26r; S. 193 | Bl. 46r; S. 137 | Bl. 26v und S. 193 | Bl. 46r.

24 Vgl. Blümle 2013, S. 42-47. Im kunsthistorischen Diskurs gilt Lessings Dichotomie von Dicht- und Bildkunst als längst überholt, was eben auch auf den grundlegenden medialen Wandel zu Beginn des 19. Jahrhunderts zurückzuführen ist, wie Claudia Blümle argumentiert.

25 Lepenies 1976, S. 16ff.

26 In der hier edierten Nachschrift aus der Sing-Akademie lautet die entsprechende Passage zu Beginn der 11. Vorlesung: »Die Natur ist Einheit *und* Vielheit; sie ist der Inbegriff der Naturdinge, und der Naturkräfte – die Naturkenntniß mithin die Kenntniß der Dinge neben- oder nacheinander.« (S. 193 | Bl. 46r; Herv. d. Hrsg.) Dagegen heißt es in drei der Nachschriften der ›Kosmos-Vorträge‹ an der Berliner Universität an der entsprechenden Stelle etwas präziser, »Natur« sei »Einheit *in der* Vielheit« (vgl. Patzig 1827/28, S. 29 sowie N. N. 1827/28(a), S. 27 und N. N. 1827/28(b), S. 13; Herv. d. Hrsg.) – ebenso wie Humboldt diesen für sein Wissenschaftsverständnis zentralen Gedanken später im ersten Band des *Kosmos* fixierte: »Die Natur ist für die denkende Betrachtung Einheit in der Vielheit, Verbindung des Mannigfaltigen in Form und Mischung, Inbegriff der Naturdinge und Naturkräfte, als ein lebendiges Ganze.« (Humboldt 1845-62, I, S. 5f.)

27 Vgl. Galvani 1894, S. 23. Die hier geschilderten, von Galvani 1791 publizierten Versuche gehen bis ins Jahr 1780 zurück.

28 Vgl. z. B. die aus Humboldts Reiseberichten extrahierte Beschreibung über »Jagd und Kampf der electrischen Aale mit Pferden« (Humboldt 1807) sowie den Bericht über seine gemeinsam mit Joseph Louis Gay-Lussac angestellten »Versuche über den Zitterrochen« (Humboldt 1805). Tatsächlich wurde bereits bei den

elektrostatischen Untersuchungen erkannt, dass die Auf- und Entladungsprozesse auf das Fließen eines elektrischen Stroms zurückgehen, weshalb Galvani und dann besonders Alessandro Volta die Elektrodynamik begründen, vgl. Simonyi 1995, S. 333-335.

29 Vgl. Ørsted 1820 mit der tendenziösen Einschätzung einer zufälligen Entdeckung durch den Herausgeber Ludwig W. Gilbert, S. 292.

30 Morichinis Experimente wurden 1812 und 1813 in zahlreichen Artikeln veröffentlicht, so dass Humboldt die dadurch entfachte Debatte beispielsweise in Gilbert 1814 hat nachverfolgen können.

31 Ganz im Gegenteil verbat sich Humboldt, noch während die Vorträge liefen, jegliche Publikation von Nachschriften seiner Hörer, die er als ›Eingriff in sein geistiges Eigentum‹ betrachten werde (vgl. *Alexander von Humboldt-Chronologie*, 9. Dezember 1827). Gut 30 Jahre später, am 16. Februar 1857, und deutlicher in seiner Ablehnung derartiger Kollegheftе schreibt Humboldt an Richard Zeune: »[...] nichts [...] ist widerwärtiger, als publicirt zu sehen, was ein Gemisch von Gehörtem und Selbstzugesetztem ist.« (Zit. nach Bruhns 1872, II, S. 137.)

32 Vgl. Raumer 1869, I, S. 22.

33 Zu Humboldts Beziehung zu König Friedrich Wilhelm III. in seiner Funktion als dessen Kammerherr vgl. die Arbeiten von Bärbel Holtz, z. B. Holtz 2014, in Bezug auf die ›Kosmos-Vorträge‹ ebd. S. 157.

34 Vgl. z. B. die Ankündigung der ›Kosmos-Vorträge‹ an der Sing-Akademie, *Allgemeine Zeitung* vom 21. November 1827: »Herr v. Humboldt hat sich entschlossen, einen zweiten Kursus seiner Vorlesungen vor einem gemischten Publikum (Herren und Damen) im Lokal der Singakademie zu geben.«

35 Vgl. dazu z. B. den »Exkurs Finanzen« in Leitner 2013, S. 81-84.

36 Zit. aus dem *Oesterreichischen Beobachter* vom 2. März 1828 (N^ro.^ 62, S. 252), der wiederum angibt, den Artikel aus der *Preu-*

ßischen Staatszeitung vom 23. Februar 1828 übernommen zu haben. Humboldt selbst verweist auf diesen Artikel im Briefwechsel mit Spiker (vgl. Schwarz 2007, S. 53).

37 Vgl. Hannover 2016, S. 37.

38 Vgl. die Kurzbiographie »Finanzrat Johann Wilhelm Eichmann (1747-1829)« in Straubel 2009, S. 237.

39 Vgl. die »Stammtafel Nicolai-Parthey-Lepsius« in Parthey 1926, S. 431, die auch die Verbindungen zu den Familien Eichmann und Kohlrausch darstellt.

40 Siehe Gustav Partheys als »Handschrift für Freunde« erschienene *Jugenderinnerungen* (Parthey 1871) sowie Lili Partheys postum herausgegebene *Tagebücher aus der Berliner Biedermeierzeit* (Parthey 1926, insbes. S. 27f.). In Letzteren ist die Reproduktion des Selbstbildnisses Henriette Kohlrauschs abgedruckt, die wir auf dem Umschlag des vorliegenden Bandes verwendet haben. Es zeugt, ebenso wie ihr im selben Werk wiedergegebenes Porträt ihrer Schwester Charlotte Parthey (geb. Eichmann), davon, dass Henriette Kohlrausch über ihre wissenschaftlichen Interessen hinaus auch ein künstlerisch-zeichnerisches Talent besaß.

41 Parthey 1827/28. Das 800-seitige Manuskript befindet sich heute in der Staatsbibliothek zu Berlin – Preußischer Kulturbesitz und wurde, wie die weiteren überlieferten Nachschriften der Humboldt'schen Vorträge an der Berliner Universität, im Projekt *Hidden Kosmos* Bild- und Volltext-digitalisiert und im *Deutschen Textarchiv* veröffentlicht.

42 Caroline von Humboldt an Henriette Kohlrausch, o. O. [Berlin], o. D. [1827/1828]. Zentral- und Landesbibliothek Berlin, Signatur: EH 6679, http://kalliope-verbund.info/DE-611-HS-1634720. Zit. Bl. 1r.

43 Vgl. dazu Parthey 1926, S. 27.

44 Siehe Kunth 1838, I, S. 108f. (Zit. S. 109): »Genus dicatum in honorem studiosissimae matronae H. Kohlrausch e gente Eichmanniana, quae scientias naturales praesertim vero botanicen

feliciter colit atque de plantis regionis nostrae subtiles colligit oberservationes.« (›Gattung benannt zu Ehren der sehr gelehrten Frau H. Kohlrausch aus dem Geschlecht Eichmann, welche von den Naturwissenschaften ganz besonders die echte Botanik glücklich pflegt und über unsere regionalen Pflanzen genaue Beobachtungen sammelt.‹ [Übers. der Hrsg.])

45 Vgl. dazu z. B. die in *Kalliope*, dem Verbundportal für Nachlässe und Autographen aufgeführten Briefe von und an Henriette Kohlrausch unter http://kalliope-verbund.info/de/eac?eac.id=1072699168. Hinzu kommen beispielsweise zwei Briefe an Johann Joachim Bellermann von 1817 bzw. 1819, die in der Zentral- und Landesbibliothek Berlin (Signatur: Gl 132/5/Bl. 190 bzw. 191 http://kalliope-verbund.info/DE-611-HS-764750 bzw. http://kalliope-verbund.info/DE-611-HS-764751) verwahrt werden und einer nicht identifizierten »Jette Kohlrausch« zugeschrieben wurden. Beide Briefe stammen jedoch eindeutig ebenfalls von Henriette Kohlrausch, die hier mit der Kurzform »Jette« unterzeichnet hat.

46 Parthey 1871, I, S. 430, vgl. auch Müller 2012, S. 267f.

47 Kohlrausch 1863, S. 328.

48 N. N. 1828/29, Zit. S. 1.

49 Vgl. z. B. Gottfried Wilhelm Leibniz Bibliothek – Niedersächsische Landesbibliothek, Noviss. 452,2,7,2 (Henriette Kohlrausch an Heinrich Ludolph Wendland, Hannover, vor 29. 6. 1841: Schreiben im Auftrag der Königin Friederike betr. Lieferung von reifen Weintrauben). Online verfügbar: http://digitale-sammlungen.gwlb.de/resolver?id=00056341 sowie weitere der in Anmerkung 45 aufgeführten Briefe Henriette Kohlrauschs.

50 Diese Recherchen geschahen im Rahmen des Promotionsvorhabens von Christian Thomas an der Humboldt-Universität zu Berlin.

51 Einige Beispiele dafür werden zitiert in Hamel/Tiemann 1993, S. 23f.

52 N.N. 1934. Der (in dieser Edition stark korrumpierte) Text der dabei zugrunde gelegten Handschrift SBB-PK, Ms. germ. qu. 2345, ist ebenfalls in vollständig überarbeiteter und korrigierter digitaler Fassung im *Deutschen Textarchiv* verfügbar, siehe N.N. 1827/28.

53 Hamel/Tiemann 1993, S. 14.

54 Hierbei wurden zunächst sämtliche zu diesem Zeitpunkt bekannten Nachschriften der ›Kosmos-Vorträge‹ aus verschiedenen Bibliotheken, Archiven und Privatsammlungen im In- und Ausland ermittelt und deren Digitalisierung beauftragt. Anhand der Bilddigitalisate wurde anschließend eine strukturierte Volltexttranskription der Manuskripte angefertigt, die sukzessive um weitere Annotationen, etwa textkritische Befunde, editorische Kommentare sowie die Auszeichnung von in den Dokumenten erwähnten Personennamen angereichert wurden. Für weitere Informationen zur Edition der Nachschriften der ›Kosmos-Vorträge‹ im *Deutschen Textarchiv* vgl. z.B. Thomas/Fiechter/Hug 2016.

55 Subkorpus »Alexander von Humboldts Kosmos-Vorträge« im *Deutschen Textarchiv*, http://www.deutschestextarchiv.de/search/metadata?corpus=avhkv.

56 Vgl. Latour 1983, S. 154.

57 Vgl. Schüttpelz 2008, S. 241.

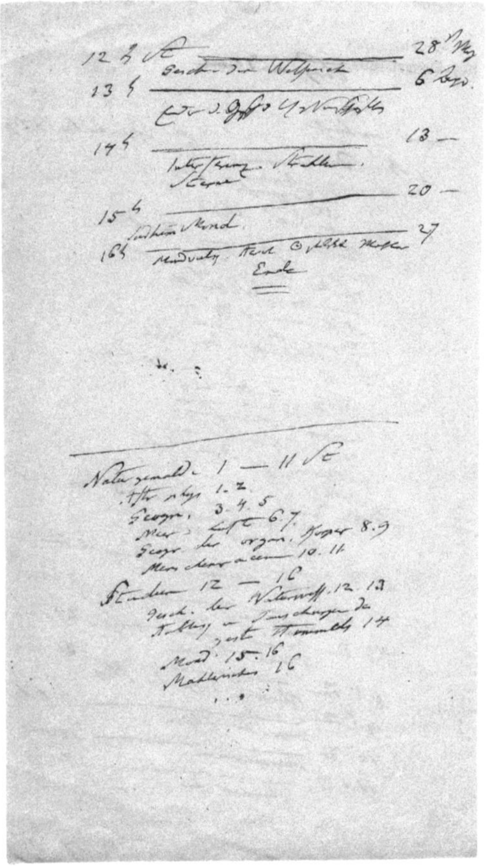

Abb. 8: Alexander von Humboldt: Zweite Seite der Übersicht über die ›Kosmos-Vorträge‹ an der Sing-Akademie (vgl. dazu Abb. 3).

Die untere Hälfte zeigt einen summarischen Überblick über die Anzahl der Stunden zu den Themenbereichen »Naturgemälde« vom 1. bis zum 11. Vortrag sowie vom 12. bis 16. Vortrag, von der »Gesch[ichte] der Naturwiss[enschaften]«, dem »Anblik u[nd] Täuschungen des gest[irnten] Himmels«, »Mond« und »Mahlerisches« zum Abschluss der Vorlesungen.

INHALT DER VORLESUNGEN ÜBER PHYSIKALISCHE GEOGRAPHIE[1]

1 Die folgenden Inhaltsübersichten der einzelnen Vorträge zit. nach der in Privatbesitz befindlichen Abschrift des vorliegenden Heftes der Henriette Kohlrausch, Hufeland 1829, S. 155-158. Diese Abschrift wurde, dem Titelblatt des Manuskripts zufolge, »im Sommer 1829 durch Otto Hufeland« angefertigt. Die Seiten- und Blattnummern am Rande der einzelnen Vortragstexte verweisen dagegen auf die hier edierte Nachschrift, Kohlrausch 1827/28.

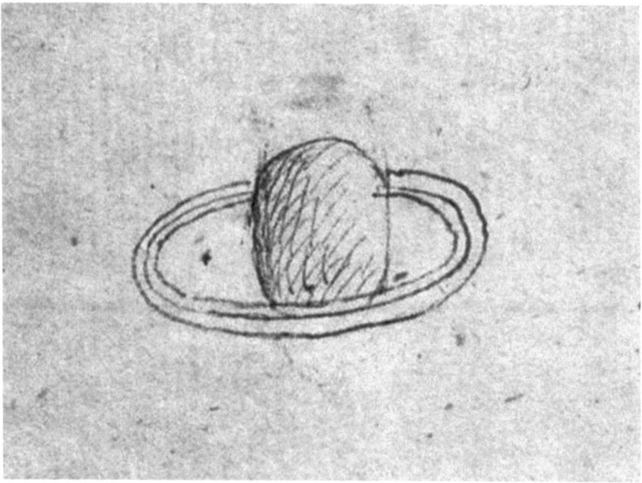

Abb. 9: Karol Libelt: »Saturn«, Abbildung und unten stehendes Zitat aus Libelts Nachschrift der ›Kosmos-Vorträge‹ an der Berliner Universität (Libelt 1827/28, S. 143f.).

»Der Ring des Saturnus ist zwar schon von Gallilei gesehen worden allein erst durch Huigens genauer [bestimmt,] 1659. Der Ring verschwindet den größten Fernröhren, weñ die Sonne durch die Ebene des Ringes durchgeht, weil er dañ an seiner Kante dünn ist. Doch ist auch diese Kante durch die ungeheueren Herszelschen Telescope sichtbar. Man hat bemerkt, daß der Ring nicht einfach ist, sondern aus concentrischen Kreisen zusam̄engesetzt, namentlich sind es zweie welche durch einen dunklen Streif geschieden sind. Zwischen dem Ringe und dem Planeten hat man acht Sterne bemerkt.«

1. UND 2. VORTRAG,
6. und 13. Dezember 1827

ERSTE ABTHEILUNG:
Übersicht der Zustände der Materie.

Abschnitte. Astronomie, Geognosie, Climatologie, Geographie der Pflanzen, Geographie der Thiere, über die Menschenracen.

I. Astronomie.

Him̄elskörper in Lichtbildung begriffen. – Nebelsterne. – Nebelflecke. – Milchstraße. – Berechnung der Sternentfernung durch die Schnelligkeit des Lichts. – Veränderliche Sterne. Doppelsterne. – Die Magellanischen Wolken. – Die Kohlensäcke. – Das Zodiakallicht. – Platz unsers Planetensystems am Himmel. – Bewegung, Bestand desselben. – Die einzelnen Planeten. – Cometen. Berechnung ihres Laufs. – Aerolithen. Hypothese ihrer Erklärung. – relative Größe der Him̄elskörper. –

II. Geognosie.

Kugelgestalt der Erde. – spezifische Dichtigkeit. – magnetische Spannung. –

Anstatt der Definition des Wortes Naturgeschichte, will ich [2r]
es versuchen ein Bild der Natur selbst zu entwerfen. Ich kann dazu keine bessere Einleitung geben, als eine Uebersicht der Zustände im Allgemeinen, in welchen uns die Materie im Weltraume erscheint. Wir nehmen sie wahr in zweierlei Gestalt: 1^{tens} zu Weltkörpern geballt, und 2^{tens}, als Dunstmasse dazwischen verbreitet.

Ich fange mit denjenigen Körpern an, welche in der Lichtbildung begriffen scheinen. Durch Herschelsche und Frauenhofersche Telescope bemerkt man nämlich Nebelsterne, welche einen mehr oder minder hellen Kern, mit einer Lichthülle umgeben zeigen: in dieser Lichthülle nimmt man ein Ab- und Zunehmen der Lichtstärke wahr, eine Ebbe und Fluth. Sie mögen zu den primitiven Formationen, zu den Uranfängen des Aggregatzustandes gehören. Es scheinen dies Sonnen zu seyn, die nicht von Sternen, nicht von einzelnen Weltkörpern, sondern von einem leuchtenden Fluidum, einem Lichtstoffe umgeben sind, der sich noch nicht zu sphärischen Weltkörpern gebildet hat, oder aus dem vielleicht der Central-Stern durch eine anfangende Verdichtung entstanden ist.

Andere dieser Lichtmassen am Himmel, denen die Astronomen den Namen der Nebelflecke gegeben haben, lösen sich vor den Telescopen in einzelne helle Punkte auf, die aber wahrscheinlich nur näher zusammenstehende Systeme von Sonnen, welches Milchstraßen sind, die wenigstens um 100 ihrer Durchmesser von uns entfernt sind. – Herschel hat diese entfernten Milchstraßen am ganzen Himmel aufgesucht, und es sind deren bereits über 3000 entdeckt worden.

[2v] Die aufgeklärtesten alten Philosophen vermutheten schon, daß das nie erlöschende, unbewegliche Licht der Milchstraße von unzähligen Sternen entstehen müsse, die wegen der großen Entfernung einander so nahe scheinen, daß ihr Licht zusammenfließt, und wir sie nicht unterscheiden können. Die Neueren zweifelten nicht an der Richtigkeit dieser Erklärung, obgleich sie selbst durch die stärksten Fernröhre nicht mehr einzelne Sterne entdeckten, als an andern Stellen des Himmels. – Die Fernröhre, welcher sich die Astronomen im 17ten Jahrhundert bedienten, waren von einer unbequemen, und übertriebenen Länge. Auf Befehl Ludwig XIV^{ten} wurde von Campani in Bologna ein Fernrohr von 250 Fuß Brennweite verfertigt, durch welches der große Cassini die zwei nächsten Trabanten des Saturn entdeckte. Auzout in Frankreich brachte sogar ein Objectiv von 600 Fuß Brennweite zu Stande, das aber aus Mangel einer schicklichen Vorrichtung nicht gebraucht werden konnte.

Herschel gelang es endlich, durch die Vergrößerung und Lichtstärke seines 20füßigen Telescops, den Schimmer der Milchstraße vollkommen in kleine Sterne aufzulösen, die sich deutlich von einander unterscheiden lassen; auch bemerkte er in der That, daß jede Stelle der Milchstraße um so sternreicher ist, je glänzender sie dem bloßen Auge erscheint. – Um sich einen Begriff von der unzähligen Menge der Sterne zu machen, die den Schimmer der Milchstraße

hervorbringen, bediente sich Herschel des genau bestimmten Feldes seines Telescops als Maaß. Er fand im Durchschnitt, daß ein Raum der Milchstraße von 2° Breite, und 15° Länge nicht weniger als 50,000 Sterne enthielt, die noch groß genug waren um deutlich gezählt zu werden, und wenigstens | 100,000 die wegen ihres schwachen Lichtes sich [3r]
nicht mehr zählen ließen. Da nun die Milchstraße im Durchschnitt eine Breite von wenigstens 12° hat, und sich über den ganzen Himmel durch 360° erstreckt, so würde dies wenigstens 20 Millionen Sterne in der Milchstraße geben. – Wären wir aber auch im Stande die Menge der Sterne in der Milchstraße einigermaßen genau zu bestimmen, so würde uns dies bei weitem nicht einen hinlänglichen Begriff von der Unermeßlichkeit auch nur desjenigen Theils des Universums geben, den unser Auge erreichen kann. Wir wissen nicht, wie viele Sternhaufen, der Milchstraße gleich, über den Himmel verbreitet liegen. Es ist offenbar, daß, wenn die Milchstraße tausendmal weiter von uns entfernt wäre, die einzelnen Sterne, welche man jetzt noch in ihr entdecken kann, in eben dem Verhältniß an Lichtstärke verlieren, und näher zusammenrücken würden: das Ganze würde endlich zu einer kleinen, matten Wolke einschrumpfen, in der sich keine einzelnen Sterne mehr entdecken ließen. Wenn unser Auge von der Milchstraße nur um einen Durchmesser derselben entfernt wäre, so würde sie uns nur unter einem Winkel von 60° erscheinen, nicht viel größer als das Gestirn des großen Bären; in einer Entfernung von 10 Durchmessern, würde sie nur unter einem Winkel von 2° 25 Minuten, ungefähr so groß wie das Siebengestirn, und auf 100 Durch-

messer unter einem Winkel von 17 Minuten, kleiner als der berühmte Fleck in der Andromeda erscheinen. Sie würde in dieser Entfernung dem bloßen Auge unsichtbar seyn, und durch Fernröhre als ein Wölkchen von schwachem Licht, ähnlich den kleinen Lichtmassen dastehen, denen die Astronomen den Namen der Nebelflecke gegeben haben, und de-
[3v] ren, wie früher | erwähnt, seit Herschel bereits 3000 am Himmel entdeckt sind.

Die unsere Begriffe fast übersteigende Entfernung dieser unendlich weit entlegenen Weltkörper, sind wir dennoch zu berechnen im Stande, seitdem wir gelernt haben die Geschwindigkeit des Lichtes zu messen. Nicht unser Erdkörper bietet aber den Maasstab dazu dar; am Himmel selbst muß die Messung vorgenommen werden. Olof Römer, ein Däne, fand in der Verfinsterung der Jupiters Trabanten, das Mittel dieses wichtige Problem zu lösen. Er hatte in den Jahren $16^{70}/_{75}$ mit dem älteren Cassini auf der Sternwarte viele Verfinsterungen der Jupiters Monde beobachtet, und gefunden, daß der erste Mond nicht immer zur berechneten Zeit aus dem Schatten trat, und daß der Austritt desselben sich immer mehr verspätete, je weiter sich die Erde vom Jupiter entfernte: wogegen der Eintritt früher erfolgte, jemehr sie sich demselben näherte, so daß der größte Unterschied 14 Minuten betrug. Römer schloß, daß diese Ungleichheit von dem Abstande der Erde und des Jupiters von einander abhange, und eine Folge der verschiedenen Zeit sey, welche das Licht brauche, um bei ungleicher Entfernung die Erde zu erreichen. – Genauere Berechnungen haben später gezeigt, daß das Licht in einer Sekunde 40,000 Meilen zurück-

legt; es gelangt daher von der Sonne bis zu uns, in 8 Minuten 13 Sekunden. Dagegen braucht es vom Syrius 31 Jahr, und vom entferntesten Nebelfleck mindestens 24,000 Jahr. Dies giebt eine Entfernung von 33,000 Billionen Meilen. Es folgt daraus, daß das Weltgebäude ein Alter von wenigstens 24,000 Jahr hat, weil das Licht was wir heute sehen, schon vor so langer Zeit von dort ausgeflossen ist. Schwindel erregend! gleich der Betrachtung, daß die zerstörendsten Revolu- | tionen jene leuchtenden Gestirne längst vernichtet [4r]
haben können, welche mit ruhiger Klarheit unsere Nächte erhellen, und daß vielleicht Generationen vergehen, ehe nur die Kunde davon zu uns gelangt.

Eine sehr merkwürdige Erscheinung am Himmel sind die veränderlichen Sterne, deren Licht entweder in beständigen Perioden ab- und zunimmt, oder die nachdem sie einmal erschienen sind, auf immer verschwinden. Manche Sterne sind am Himmel verloren gegangen, manche sieht man, wo man sonst keine bemerkte. – Durch die Erscheinung eines neuen Sterns ward Hipparch, 125 Jahr vor Christi Geburt zur Verfertigung eines Verzeichnisses der Fixsterne bewogen. Einer ähnlichen Erscheinung verdanken wir das von Tycho gemachte Verzeichniß der Sterne. Der von Tycho beobachtete Stern erschien 1572 plötzlich mit einem Glanz der den des Jupiter und Sirius übertraf; so daß der Stern sogar am Tage sichtbar war. Einen Monat nachher nahm sein Glanz stufenweise ab, bis zum März 1574, da er ganz verschwand.

Neuere Astronomen haben eine Menge Sterne beobachtet, die in beständigen Perioden eine Ab- und Zunahme des Lichtes leiden, und sogar ganz verschwinden. Diese Peri-

oden sind sehr verschieden; von einigen Tagen, bis zu mehreren Jahren. – Den Grund dieser Erscheinung hat man wahrscheinlich, theils in physischen Veränderungen, die auf diesen Weltkörpern vor sich gehen, theils in ihrer Umdrehung um die Axe zu suchen. Dies letzte ist besonders bei solchen Sternen zu vermuthen, deren Lichtwechsel periodisch ist. Wenn nämlich ein Theil der Oberfläche dunkler als der andere, oder so beschaffen ist, daß er weniger Licht verbreitet,
[4v] so wird der Stern uns mehr oder weniger glän-|zen, nachdem er uns, während seiner Rotationsperiode seine helle oder dunkle Seite zukehrt. Andere Sterne die plötzlich erscheinen, und dann wieder verschwinden, erlitten vielleicht irgend eine große Revolution: es entwickelten sich bisher ruhende Kräfte, und machten seinem veralteten Daseyn ein Ende, um ihn schöner aus der Asche wieder hervorgehen zu lassen.

Doppelsterne nennt man zwei oder mehrere Sterne, die so nahe bei einander stehen, daß sie dem bloßen Auge, und selbst durch kleine Fernröhre, wie ein einzelner Stern erscheinen, durch stärkere Vergrößerungen aber aus einander gerückt werden. Bessel hat gezeigt, daß einige derselben sich um einen gemeinsamen Schwerpunkt drehen, sich also wohl noch nicht selbstständig haben konstituiren können. Man findet 3-4 zusammen; ja im Sigma des Orion laufen 16 Sterne um einen Schwerpunkt. Man hat bis jetzt nahe 700 (675) dieser Doppelsterne entdeckt. Merkwürdig und auffallend ist die Verschiedenheit der Farbe, welche an denselben bemerkbar. Sie erscheinen abwechselnd blau – roth – weiß – doch so, daß der mittlere Stern stets ein weißes, die circulirenden Weltkörper dagegen ein buntfarbiges Licht ausstrahlen. Man hat die Vermuthung aufgestellt, daß, da besonders verlöschendes Licht farbig erscheint, diese Körper verlöschende, in einer Abnahme des Lichtprocesses begriffen seyn mögten. – Auf keinen Fall kann man ihnen ein planetarisches Licht zuschreiben; sie müssen selbstleuchtend seyn, da ein reflectirtes Licht in so unermeßlicher Ferne nicht sichtbar seyn kōnte. Auch ist zu erwähnen, daß die Bewegung mancher Doppelsterne von Osten nach Westen geht; im Gegensatze unseres Systems, wo alle Bewegung | von Westen nach Osten fortrückt. [5r]

Auffallend ist die Schnelligkeit mit welcher diese mehrfachen Sonnen sich bewegen. Bessel hat im Schwan einen Doppelstern entdeckt, dessen Fortrücken schon nach 6 Monaten bemerkbar erschien.

Eine merkwürdige Erscheinung am südlichen Himmel sind die sogenannten Magellanischen Wolken, deren lichtgebende Dünste jeden Abend in der Nähe des Südpols sichtbar werden. Diesen entgegengesetzt sind jene räthselhaften, von Sternen entblösten schwarzen Stellen, unpoetisch Kohlensäcke (coalbags) genannt, die ich ebenfalls in der südlichen Hemisphäre mehrfach beobachtet habe. Die eine dieser Stellen erscheint in der Spitze des südlichen Kreuzes, die andere in der Eiche Carl II, nahe am Südpol. Auffallend ist, daß, die durch meteorologische Instrumente bemerkbare Veränderung der Atmosphäre, auf das sichtbar werden dieser Flecken keinen Einfluß zu haben scheint. In jenen Nächten, wenn die übrigen Gestirne im schönsten Glanze leuchten, waren die dunkeln Stellen oft nicht sicht-

bar, und erschienen dagegen, wenngleich das Hygrometer andeutete, daß die Luft stark mit Dünsten angefüllt sey. – Man hat diese Erscheinung aus dem Contraste erklären wollen, den eine minder mit Sternen besäete Stelle am Himmelsraum, gegen den besonders hellfunkelnden Glanz der südlichen Gestirne, hervorbrächte. Ich kann dieser Meinung nicht seyn, die auch die beiden Forster nicht theilen, welche Coock's 2te Erdumseglung begleitend, dieser Erscheinung eine vorzügliche Aufmerksamkeit gewidmet haben. – Im Scorpion befindet sich ein Raum von 3°, auf dem, selbst
[5v] durch Herschelsche Telescope, kein ein- | ziger Stern bemerkbar ist; und dennoch bleibt diese Stelle dem Auge unsichtbar, und erscheint vollkommen wie jeder andere Raum des Himmels.

Eine dritte ausgezeichnete Erscheinung bietet das sogenannte Thierkreislicht (Zodiacal-Licht) dar, das schon im südlichen Europa, nach Untergang der Sonne sichtbar, besonders im Anfange des Frühlings, spitz-pyramidenförmig sich erhebend, seinen leuchtenden Schimmer verbreitet. – Mit mehr Wahrscheinlichkeit ist dieses noch immer räthselhafte Phänomen einer Anhäufung leuchtender Körper zuzuschreiben, als wie gewöhnlich, anzunehmen, daß es von den feinsten, und ausgedehntesten Theilen der Sonnenatmosphäre herrühre. Zum erstenmale habe ich dies schöne Schauspiel zu Valencia in Spanien beobachtet; später hat es sich mir dargeboten am Orinoco, unweit Carracas, und auf der höchsten Ebene der Cordilleren, wo durch die dünne Luftschicht durchblickend, dies Licht oft leuchtender erschien, als selbst der Glanz der Milchstraße.

Welchen Platz nun unser Planetensystem in der umgebenden linsenförmigen Sternschicht einnehme, ist nur im Allgemeinen zu bestimmen: nach der neuesten Ansicht steht es dem Adler am nächsten. Obgleich die Fixsterne ihren Namen von dem angenommenen Feststehen bekommen haben, so lehren doch neuere Beobachtungen, daß auch die Fixsterne, wiewol äußerst langsam ihren Ort am Himmel verändern, wodurch die große Entdeckung von dem Fortrücken unseres Sonnensystems gemacht ward, das, nach Herschel sich gegen das λ im Hercules bewegt.

Unser System besteht aus einem Centralkörper, um welchen sich 11 Hauptplaneten, und 18 Nebenplaneten bewegen. Der Centralkörper ist von | so ungeheurer Größe, daß [6r]
unser Mond fast 2 mal darin seinen Umlauf um die Erde vollenden könnte. – Zunächst werden wir alle Planeten in 2 Klassen theilen; in solche welche sich entweder innerhalb oder außerhalb der Bahnen der neu entdeckten Planeten Ceres, Pallas, Juno und Vesta bewegen, und daher innere und äußere genannt werden. Diese 4 Planeten, wegen ihrer Kleinheit von Herschel mit Verachtung Asteroïden genannt, wie man die Halbmetalle der Alkalien Metalloïde nennt, sind alle zusammen nicht so groß als unser Mond, ja die Vesta als der kleinste, hat eine Oberfläche von 10,000 □ Meilen, also weniger als der preußische Staat. – Die 4 innern Planeten Mercur, Venus, Erde, Mars haben eine größere Dichtigkeit als die äußern; nämlich:

Mercur,	Venus,	Erde,	Mars;
Platina	Gold	Magneteisenstein;	

sie sind deshalb, weil sich ihre Masse mehr concentrirte mondarm, und haben alle zusammen nur einen Mond. Die 4 äußern sind weit weniger dicht:

Pallas etc.	Jupiter,	Saturn,	Uranus
	Bernstein,	Naphta,	Wasser,

und ihrer viel schnelleren Bewegung halber, sehr abgeplattet, was besonders beim Jupiter sehr auffallend bemerkbar ist.

Diese schneller rotirenden Weltkörper sind auch sehr reich an Satelliten, dagegen unsere Erde nur von einem Monde begleitet wird. Der Saturn bietet außerdem die sonderbare Erscheinung eines Ringes, der jedoch wahrscheinlich nichts anderes ist, als ein System von Satelliten, eine Menge knotenförmig verwachsener Trabanten. Die Fläche
[6v] dieses Ringes ist auf bei-|den Seiten mit ungeheuren Bergen, von der fast unglaublichen Höhe von 200-300 Meilen bedeckt, die selbst über den Rand des Ringes hervortreten. Diese hervorragenden Berge sind fast 6 mal so hoch, als die halbe Dicke des Gewölbes von der sie getragen werden, und viel größer als der ganze Planet Vesta.

Durch den 1781 von Herschel entdeckten Planeten Uranus wurde der Horizont des Planetensystems unserer Sonne um das Doppelte erweitert. Dieser Planet ist nämlich noch einmal so weit als Saturn – 400 Millionen Meilen von der Sonne entfernt. Er vollendet seine lange Reise um die Sonne erst in 84 Jahren, und 6 Trabanten umkreisen ihn.

Die Entdeckung der 4 kleinen Planeten, durch welche

die früher unterbrochene harmonische Progression in den Abständen der Planeten, sich vollständiger zu bestätigen scheint, verdanken wir den Deutschen. Piazzi, in Deutschland geboren, entdeckte am 1ten Januar 1801 zu Palermo glücklich einen zwischen Mars und Jupiter früher vermutheten Planeten, dem er den Namen Ceres beilegte. Kaum $1\frac{1}{2}$ Jahre nachher hatte Olbers in Bremen das Glück einen 2ten planetarischen Körper zwischen Mars und Jupiter aufzufinden, den er Pallas nannte. Am 1ten September 1804 entdeckte Prof. Harding zu Lilienthal einen dritten neuen Planeten, ungefähr in demselben mittleren Abstande von der Sonne als Ceres und Pallas. Man hat ihn Juno genannt. – Endlich hat Olbers am 29ten Maerz 1807 abermals einen 4ten Planeten zwischen Mars und Jupiter entdeckt, der von dem großen Gaus in Goettingen den Namen Vesta erhielt.

Außer diesen nunmehr bekannten Haupt- und Nebenplaneten giebt es | im weiten Reiche unserer Sonne noch [7r] eine ungleich größere Anzahl anderer Weltkörper welche mehrentheils in langen elliptischen Bahnen sich um die Sonne drehen. Dies sind die Kometen. Ueber diese hat sich neuerlich die Meinung der Astronomen sehr geändert. Jener Gedanke namentlich, daß sie ein Planetensystem mit dem andern verbinden, ist ganz verschwunden; obgleich einige sich sehr weit von der Sonne entfernen müssen, indem ihre Sonnennähe zwischen Jupiter und Saturn liegt. – Man hat bis jetzt Kometen welche von der Erde aus sichtbar gewesen sind 400 beobachtet, nur 128 wirklich gemessen. Rechnen wir aber alle dazu, welche außerhalb der Erde ihre Bahnen ziehen, so kann ihre Zahl leicht auf einige

100,000 gesteigert werden, welche alle zu unserm Planetensystem gehören. – Die wichtigste Entdeckung in dieser Hinsicht machte in der neuesten Zeit unser Astronom Enke. Er berechnete die Bahn eines Kometen, der in $3\frac{1}{2}$ Jahren seinen Umlauf vollendet. Bei seinem letzten Erscheinen hatte er sein Wiederkommen genau vorhergesagt, und es entdeckte ihn zuerst Rühmker in Paramatta auf Neu Holland. Nur fand man, daß er sich ein wenig verspätet hatte, und dies führte auf die bewegungshemmende Eigenschaft des Aethers. Dieser Komet ist nun schon 5 mal beobachtet. – Der Hauptmann Biela in Böhmen entdeckte später einen 2ten Kometen, der in $6\frac{1}{2}$ Jahren seinen Weg um die Sonne zurücklegt. – Der berühmte Halley sagte die Wiederkunft eines Kometen auf das Jahr 1759 vorher, den der sternkundige Landmann Palitsch bei Dresden wirklich am 25 December 1758 zuerst wiedersahe. Hätte man damals die Masse des Jupiters und Saturns genauer und die Existenz des Ura-
[7v] nus gekannt, so würde man eine Genauigkeit | von 5-6 Tagen erreicht haben.

Von allen Kometen welche beobachtet, und deren Bahnen berechnet worden, ist keiner unserer Erde so nahe gekommen, als der von Biela entdeckte; und allerdings könnte uns dieser gefährlich werden, da man berechnet hat, daß einer seiner Knoten wirklich innerhalb der Erdbahn liegt. Die große Leichtigkeit dieser Weltkörper kann uns jedoch von aller Besorgniß befreien; denn man hat nachgewiesen, daß einer derselben (der von 1770) durch das Trabantensystem des Jupiter gegangen ist, ohne dasselbe im mindesten in Unordnung zu bringen. Die Dichtigkeit der Kometen beträgt $\frac{1}{5000}$ von der Dichtigkeit der Erde. Sie sind also noch weit dünner, als die dünnste Luft, welche wir unter der Luftpumpe hervorbringen können.

Zu den merkwürdigsten, bisher noch keineswegs genügend erklärten Erscheinungen gehören die Aerolithen, jene größeren und kleineren Steinmassen, welche aus den Himmelsräumen zu uns herabkommen. Chladni hat das Verdienst, auf dieses schon den Alten unter dem Namen von Steinregen bekannte Phänomen, von neuem aufmerksam gemacht, und neue Erfahrungen darüber gesammelt zu haben. Die verschiedensten Hypothesen sind aufgestellt worden, um den Ursprung dieser Massen zu erklären, die in den meisten Fällen aus terrestrischen Stoffen (Eisen, Nickel etc.) gebildet scheinen, und in denen Gustav Rose sogar das Vorkommen crystallinischer Theile nachgewiesen hat. – Einige haben sie für vulkanische Auswürfe der Erde erklären wollen; andere sie für Producte von Mondseruptionen gehalten, welche wahrscheinlichere Meinung in der auf dem Monde 5 mal | geringeren Schwere, und der großen Feinheit seiner [8r]
Atmosphäre, die der Bewegung keinen merklichen Widerstand entgegen setzen kann, einen Stützpunkt findet. – Die Annahme, daß die Bestandtheile dieser Massen, sich aufgelöst im Luftkreise vorfinden sollten, und durch irgend eine elektrische Explosion, (die Feuerkugeln, welche die Erscheinung gewöhnlich begleiten) im Moment des Herabfallens vereinigt würden, hat wenig Haltbarkeit, da mindestens ein Raum von 4-5 Meilen Luft erforderlich wäre, um ähnliche Massen aufgelöst zu enthalten. Einige glauben Ueberbleibsel der ehemaligen chaotischen Massen darin zu erken-

nen, und wir mögten sie geradezu für planetarische Weltkörper erklären, die gleich den übrigen im Weltall kreisen, bis sie der Attractionssphäre des Einen oder Andern sich nähernd, auf fremden Bahnen ihren Untergang finden. Die Kleinheit derselben darf dieser Annahme nicht entgegen stehen. Der kleinste Hauptplanet ist im Verhältniß gegen den Syrius viel kleiner als der größte Aerolith im Vergleich mit der Vesta.

Bei allen Messungen im Weltraume ist es weit interressanter die Größen und Zahlen in ihrer relativen Ausdehnung zu kennen, als in ihrer absoluten: gerade wie bei den Berghöhen. Die Schneekoppe ist $\frac{1}{2}$ mal so hoch als der höchste Gipfel der Pyrenäen; der Pic von Teneriffa $\frac{1}{2}$ von der Spitze des Himālăya; der Brocken $\frac{1}{6}$ des Chimborazo. So wird auch eine vergleichende Berechnung von der Größe des Weltraums, wie sie Herschel anstellte, hier an ihrem Platze seyn.
[8v] Man setze den Durchmesser unseres Sonnensystems | mit den äußersten Kometenbahnen = 1 Linie: so wird die größere Axe unserer linsenförmigen Sternschicht = 260 Fuß seyn; und von uns bis zum fernsten Nebelfleck = $4\frac{3}{4}$ geographische Meilen. Die Sehweite des bewaffneten Auges ist also $4\frac{3}{4}$ Meile, die des unbewaffneten in gleichem Verhältniß 3 Fuß. –

Man hat Infusionsthiere beobachtet, deren Durchmesser $\frac{1}{1000}$ einer Linie beträgt. Diese verhalten sich zu einem Wallfisch von 60-70 Fuß Länge, wie der Durchmesser unseres Sonnensystems, zu der Entfernung desselben von den weitesten Nebelflecken.

Bei allen diesen Berechnungen ist natürlich eine Ungewißheit vorhanden, welche nur dadurch verringert wird, daß man sie in ganz bestimmte Gränzen einschließen läßt. So weiß man mit Bestimmtheit, daß der Sirius 10,000 mal weiter von uns entfernt ist als Uranus, weil seine Parallaxe noch nicht $\frac{1}{3}$ Sekunden beträgt. – Bei der Entfernung des Mondes von 51,000 Meilen ist man nur um 14-15 Meilen ungewiß, welches so viel heißt, als ob man bei der Höhe des Brockens 3200 Fuß, um 1-2 Fuß ungewiß wäre.

Wenn wir nunmehr zu den tellurischen Verhältnissen übergehen, so müssen wir zuerst zwei flüssige Hüllen um den Erdkörper bemerken, die des Meeres und der Luft, wodurch man schon auf die Kugelgestalt der Erde geführt werden könnte. Schon Aristoteles stellt die Behauptung auf, daß die Erde rund sey, weil man bei den Mondfinsternissen den Erdschatten rund in die Mondscheibe eintreten sieht. Die Erde hat aber keine vollkomne Kugelgestalt, mit gleichem Durchmesser, sondern bildet vielmehr ein Sphä-|roïd, mit [9r]
starker Abplattung an den Polen. Diese Abplattung ist bedeutender als man früher glaubte. Man nahm sie sonst zu $\frac{1}{305}$-$\frac{1}{310}$ an. Jetzt weiß man, daß sie zwischen $\frac{1}{289}$-$\frac{1}{290}$ liegt. – Eben so hielt man früher die Figur des Erdsphäroids für unregelmäßig, und glaubte die südliche Hemisphäre abgeplatteter als die nördliche. Nach Freycinets und Duperrés sehr genauen Messungen ist erweislich dies nicht der Fall, und die Regelmäßigkeit daher um so viel größer.

Die specifische Dichtigkeit der Erde ist sehr beträchtlich; sie ist 4-5 mal größer, als die des Wassers. Die Attraction der Berge, nach deren Einwirkung auf die Pendelschwingungen man die Schwere der Erde berechnet hat, gab verschiedene Resultate. In Schottland 4,7 schwerer als Wasser, am Mont Cénis 4,4 – nach Cavendish' Erdwage 5,4. Das Mittel aus diesen verschiedenen Angaben würde 4,5-5,0 ergeben. Von Cavendish der berühmte Versuche über die Zersetzung des Wassers gemacht hat, sagt man: er habe das Wasser zerlegt und die Erde gewogen.

Wir müssen aber annehmen, daß im Innern der Erde eine größere Dichtigkeit herscht, als wir in den dichtesten Gebirgsarten antreffen.

(Die magnetische Spannung der Erde äußert sich horizontal und perpendikular, oft auch oscillirend, und wird durch die innere und äußere Erwärmung vermehrt. – Die Versuche von Morechini in Rom haben bewiesen, daß man kleine unmagnetische eiserne Nadeln, durch die Einwirkung der Sonnenstrahlen magnetisiren kann, und diese Versuche die bei der Einwirkung der italienischen Sonne nicht immer
[9v] gelangen, sind von Miss Sommerville in London, | mit vielem Glück wiederholt, nach Wollaston's unverwerflichem Zeugnis. – Wir müssen demnach unsere Erde in einer fortdauernd electro-magnetischen Spannung annehmen, und es ist sehr wahrscheinlich, daß diese Spannung durch die Sonnenwärme erhalten wird, wie dies aus Seebeck's schöner Entdeckung vom Thermomagnetismus, der durch ungleiche Erwärmung hervorgerufen wird, und aus anderweiten Beobachtungen der Miss Sommerville über die Sonnenstrahlen hervorgeht.)

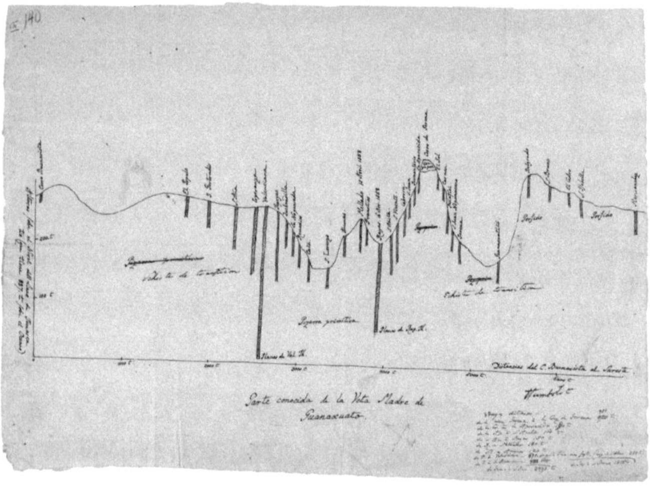

Abb. 10: Alexander von Humboldt: »›Bekannter Teil der Veta Madre von Guanajuato‹: ganzseitiges Diagramm mit Höhenprofil, Tiefe und Lage der Schächte (Vizekönigreich Neuspanien), August 1803«. (Bildunterschrift zit. nach Ette/Maier 2018, S. 437.)

3. VORTRAG,
20. Dezember 1827

Vergleichung des Erdkörpers mit dem Monde und den übrigen Planeten. – Innere Beschaffenheit der Erde. – Vegetation darin. – Tiefe der Bergwerke. – Fossilien darin – keine Menschenknochen. – Temperatur Zunahme im Innern. –

Gleichsam die Skizze eines großen Bildes im Umrisse gebend, das nachmals in seinen einzelnen Theilen weiter ausgeführt werden wird, will ich im Allgemeinen die Abtheilungen bezeichnen, welche wir durchzugehen haben.

Astronomie
Geognosie – Betrachtung des festen Erdkörpers
Klimatologie – Betrachtung der flüssigen Hüllen.
Meer und Luft
Geographie der Pflanzen
" " " der Thiere
Betrachtungen über die Menschenracen.

Bei der Vergleichung unseres Erdkörpers mit den übrigen Planeten desselben Sonnensystems, finden wir, daß dieselben sich nicht in allen Verhältnissen ähnlich sind. – Die Körper auf unserer Erde sind geeignet einen dreifachen Zustand anzunehmen, indem sie entweder starr, tropfbar flüssig, oder elastisch flüssig erscheinen. Derselbe Fall kann nun zum Beispiel auf dem Monde nicht statt finden, dem wir nach der Art
seiner Bedeckungen, | entweder gar keine, oder eine von der [10r]
unsrigen sehr verschiedene Atmosphäre zusprechen müssen. Wenn der Luftdruck auf der Erde, am Ufer des Meeres einen Barometerstand von 28 Zoll hervorbringt, so würde derselbe auf dem Monde nur etwa $\frac{1}{3}$ Linie betragen. Eben so müssen wir annehmen, daß auf dem Monde sich keine

tropfbare Flüssigkeit befindet, wenigstens keine Meere. Denn da wir durch unsere Fernröhre im Stande sind, kleine Flächen auf dem Monde, etwa von der Größe wie Berlin, genau zu beobachten, so finden wir, daß auf demselben nirgend 2 Höhen sich gleich sind. Die Ebnen auf dem Monde können daher keine Flüssigkeiten enthalten, die nach hydrostatischen Gesetzen ein Bestreben haben, sich au niveau zu setzen. Der Mond ist folglich höchst wahrscheinlich starr, wie die Aerolithen, ohne Luft und ohne Wasser. – Anders verhält es sich mit den übrigen Planeten, unter denen Jupiter und Saturn durch eine sichtbare parallele Zone ihre dichtere Atmosphäre verrathen. Die Kometen scheinen dagegen ganz luftförmige Gebilde, da selbst durch ihren Kern kleine Sterne erblickt werden können.

Was wir von der innern Beschaffenheit des planetarischen Körpers, den wir bewohnen, wissen, beruht auf sehr unsichern, hypothetischen Vermuthungen. Denn wie gewagt sind die Schlüsse, die wir von den wenigen Fußen der uns bekannten Rinde, auf den Durchmesser der Erdmasse (1720 Meilen zu 23,000′) machen müssen!

Man glaubte früher annehmen zu können, daß Licht und Organismus in der engsten Verbindung stehen, daß Licht
[10v] zur Hervorbringung eines jeden | organischen Lebens erforderlich sey. Lavoisier erklärte daher durch die Behauptung, daß Feuer die organischen Stoffe hervorrufe, auf eine geistreiche Weise die alten Scythischen Mythen, und die Fabel vom Prometheus. – So unleugbar nun aber auch der Einfluß des Sonnenlichts auf die ganze Organisation ist, so hat man sich in der neuesten Zeit dennoch überzeugt, daß

auch ohne Licht ein organisches Daseyn statt finden kann: ein Gegenstand mit dem ich mich in meiner frühesten Jugend beschäftigt habe. – In den tiefsten Bergwerken, selbst solchen die ohne Zimmerung fortgeführt werden, finden wir unterirrdische Pflanzen vegetirend, und grüne Keime, selbst phosphorescirend, in Luftarten, (Kohlen- und Wasserstoffgas) die der Vegetation nicht günstig sind. Beim Sprengen uneröffneter unterirrdischer Höhlen, in die nie ein Lichtstrahl gedrungen war, hat man die Stalactiten mit Usneen einem flechtenartigen Gebilde überzogen gesehen. – Auch in der Tiefe des Meeres, die fast eben so vollkommen als die Bergwerke jedes Lichtstrahls entbehrt, existiren grünende Vegetabilien. Jenseit der canarischen Inseln, holte ich aus der Tiefe des atlantischen Meeres, (240′ tief) mit dem Senkblei einen vollkommen grünen Fucus herauf, dessen Blätter Aehnlichkeit mit dem Weinlaube haben. Diese Fucus-Arten, welche in einer Tiefe von 6-800 Fuß üppig vegetiren, dienen zur Bezeichnung der Richtung der Strömungen im Meere. Von ihrem Standort losgerissen schwimmen sie von einer Breite zur andern, und bilden zusammengetrieben an der Oberfläche des Meeres grüne Inseln. Nach Bouguer's Berechnungen in seinem gelehrten Werke: »Ueber die Verminderung des Lichts beim Durchgang durch flüssige Körper« dringt nach ihrem ursprünglichen | Standort kein Licht- [11r]
strahl, der nicht 2-3000 mal schwächer wäre, als der Strahl des Mondlichtes.

Unsere geringe Kenntniß von der Erde gründet sich allein auf die Beobachtungen, welche, in die Rinde derselben eingetriebene Bergwerke, uns gestattet haben. Natürlich kann hier nicht die Rede seyn von denjenigen Bergwerken, welche auf Hochebenen, wie zum Beispiel auf den mexicanischen Gebirgen 8-9-12,000 Fuß über der Meeresfläche eingeschlagen sind, sondern nur von solchen, welche mit dem Spiegel des Meeres gleich sind. Bisher hatte man die alten Gruben zu Ansin bei Valenciennes in Belgien (850 Fuß) für die tiefsten gehalten. Herr v. Dechen, und v. Oeynhausen, so eben von einer geognostischen Reise zurückkehrend, die eine reiche technische und wissenschaftliche Ausbeute gewährt, haben durch barometrische Messungen die Grube von Val St. Lambert bei Lüttich, 1400 Fuß tief gefunden.

In England an den Küsten von Cornwales und von Cumberland giebt es Gruben in denen unter dem Meere selbst gearbeitet wird, um so merkwürdiger als der ganze Zwischenraum bis zum Meere nur etwa 8 Fuß beträgt. Bei Whitehaven gehen Gallerien von 5000 Fuß Länge unter dem Meere fort, ohne daß Gefahr damit verknüpft wäre. Ich bin selbst in diesen submarinen Gängen gewesen, und habe sie zu meinem Erstaunen keinesweges feucht sondern vielmehr staubig gefunden, da der Grund des Meeres durch den Druck des Salzwassers, wie mit einem dichten Cement überzogen ist.

Selbst eine oberflächliche Betrachtung der Rinde unseres Erdkörpers zeigt unverkennbar deutlich die mannigfal-
[11v] tigsten Spuren großer Umwälzun-|gen, und zerstörender Katastrophen, welche auf demselben statt gefunden haben. Unter den Versteinerungen, welche uns in den verschiedenartigsten fossilen Organismen die Reste untergegangener Schöpfungen bewahren, finden sich jedoch niemals fossile

Menschenknochen. Man hat dies früher zum Theil daher erklären wollen, daß menschliche Gebeine einer schnelleren Verderbniß ausgesetzt wären. Dies hat sich bei genauerer Untersuchung jedoch keinesweges bestätigt. In Aegypten bemerkt man keinen Unterschied unter menschlichen Mumien, und denen von Vierfüßern, wovon auch wir uns durch die interressante Sammlung des Herrn Passalaqua überzeugen können. So hat auch Cuvier bei Nachgrabungen, welche vor einigen Jahren in der alten Kirche Ste Geniévre statt fanden, Knochen von Menschen gesammelt, welche unter Clovis begraben worden sind, und hat ihre Formen noch gut erhalten gefunden.

Alles was man unter den fossilen organischen Resten für Menschenskelette gehalten hat, rührt entweder von einem andern Thiere her, oder es gehört einer neueren Zeit an. Scheuchzer's: homo diluvii testis ist von Cuvier für einen Salamander oder Achalotl erkannt worden, zur Gattung Proteus gehörend; so wie die neuerlich bei Marseille aufgefundenen, angeblichen Menschenknochen, für Abdrücke von Meerröhren. – Bei Köstriz sollten sich Menschenknochen in alten Gebirgslagern vorgefunden haben. Nach den sehr genauen Untersuchungen des um die Petrefactenkunde so verdienten Herrn v. Schlottheim zu Gotha ist diese Behauptung aber mehr als zweifelhaft. – Alle wahrhafte Menschenknochen sind entweder durch Erdfälle verschüttete, oder in | alten Berggebäuden zurückgebliebene, oder in einer Incrustation eingehüllte Cadaver. Dies gilt auch von den auf Guadeloupe entdeckten versteinerten Menschengerippen, von denen Eines durch den Admiral Cochrane nach Eng- [12r]

land gebracht worden. Es ist dies ein ziemlich wohl erhaltenes Skelett, doch ohne Kopf und rechten Arm; ohne Zweifel von einem Menschen. Dergleichen Gerippe kommen auf Guadeloupe häufig vor, und werden von den Einwohnern Galibi (wahrscheinlich eine Corruption von Caribi) genannt. Bemerkenswerth ist der Umstand, daß die Skelette alle in der Richtung von Ost nach West liegen, was auf die Vermuthung führt, daß vielleicht ein alter Caraïbischer Kirchhoff zu Grunde liegen kann. Das Gestein in welchem diese Reste vorkommen, ist ein Kalkstein-Conglommerat, mit vielen vom Meere ausgeworfenen Lytophyten und Madreporen, durch einen kalkigen Cement verbunden. Aehnliche Gebilde sind dem ganzen Archipel der Antillen gemein, und den Negern auf Cuba unter dem Namen Maçonne-bon Dieu bekannt. Man findet darin, oft in 24 Fuß Tiefe, die Trümmer von Gefäßen, sogar Mörser, Keulen, Aexte und andere Arbeiten von Menschenhand.

Bei den ungewissen Vermuthungen, welche selbst die uns bekannte, dünne, äußere Erdschicht unseres Planeten, noch stets veranlaßt, sollten wir uns der Untersuchungen über ihren Kern vielmehr ganz enthalten. Aber schon Montaigne sagt: wir haben ein schwaches Gesicht, und viel Neugier, und es ist uns unmöglich nicht in diese verschlossene Tiefe dringen zu wollen.

Die nach dem Innern der Erde zunehmende Temperatur,
[12v] deren Annahme | nicht mehr zu den Hypothesen gehört, veranlaßt uns zu interressanten Schlüssen über den Zustand des Erdkerns. – Man hat Zweifel erhoben gegen die Beobachtung der in den Bergwerken beider Erdtheile mit zu-

nehmender Tiefe sich konstant vermehrenden Wärme. Man hat sie herleiten wollen von niedersinkenden, sich verdichtenden und also Wärme entbindenden Luftschichten, man hat sie der Menschen Nähe, der Wirkung des bergmännischen Geleuchtes zuschreiben wollen. Aber abgesehen davon, daß die geringe Erwärmung welche die Gegenwart der Menschen und der Grubenlichte (die sich genau berechnen läßt) hervorbringt, nicht in Verhältniß steht, mit dem Grade der zunehmenden Wärme, so haben neuerlichst die Versuche des geistreichen Physikers Arago alle Zweifel auf das Vollkommenste gehoben. Tief erbohrte Quellwasser (sogenannte artesische Brunnen) sind wärmer befunden worden, je größer die Tiefe ist, aus der die Wasser aufsteigen. In Artois hat man die aus einer Tiefe von 2-300′ über den Wasserspiegel emporquellenden Gewässer 4-5° wärmer gefunden. – Hier ist jeder Verdacht einer äußern Einwirkung entfernt; die Wasser bringen die Wärme mit sich, welche sie durch lange Berührung mit den Gestein-Massen in verschiedener Tiefe erhalten haben.

La Place hat berechnet, daß mit der Tiefe von 30 métres (etwa 100 Fuß) die Wärme um 1° Reaum. zunimmt, und demgemäß in einer Tiefe von 30-40 Meilen selbst Gußeisen schmelzen müßte. – Die neueren Ansichten der Physiker und Geognosten, und zwar der beobachtenden, nicht leer hypothesirenden Geognosten scheinen somit den alten Mythus vom Piriphlegeton, und von Hephästos allverbreiteter Werkstätte ins Leben zurückgerufen zu haben.

Welche Zweifel man auch, trotz der gerechten Verehrung [13r]
die dem großen La Place gebührt, gegen die numerische Ge-

wißheit seiner Rechnung erheben kann, so steht eine so merkwürdige und fast allgemein anerkannte Thatsache doch unstreitig mit dem in Verbindung, was die vulkanischen Erscheinungen uns lehren. Es scheint mir nämlich wahrscheinlich, daß dieselben aus einer sehr einfachen Ursache, aus einer steten oder vorübergehenden Verbindung zwischen dem Innern und Aeußern unseres Planeten entstehen. Diese Beobachtungen lehren zugleich, wie, unabhängig von der Schiefe der Ekliptik im frühesten, gleichsam jugendlichen Zustande der Erde, Tropen-Temperatur und Tropen-Vegetation unter jeglicher Zone entstehen, und so lange fortdauern konnten, bis durch Wärme-Strahlung aus der erhärteten Erdrinde, und durch allmälige Ausfüllung der Gangklüfte mit heterogenen Gestein-Massen, sich ein Zustand bildete, in welchem, (wie Fourier in einem tiefsinnigen Werke gezeigt hat) die Wärme der Oberfläche und des Luftkreises nur von der Stellung des Planeten gegen einen Central- Körper, die Sonne, abhangt. (Nach Fourier kann sich die Temperatur in 30,000 Jahren nicht um 1° vermindern).

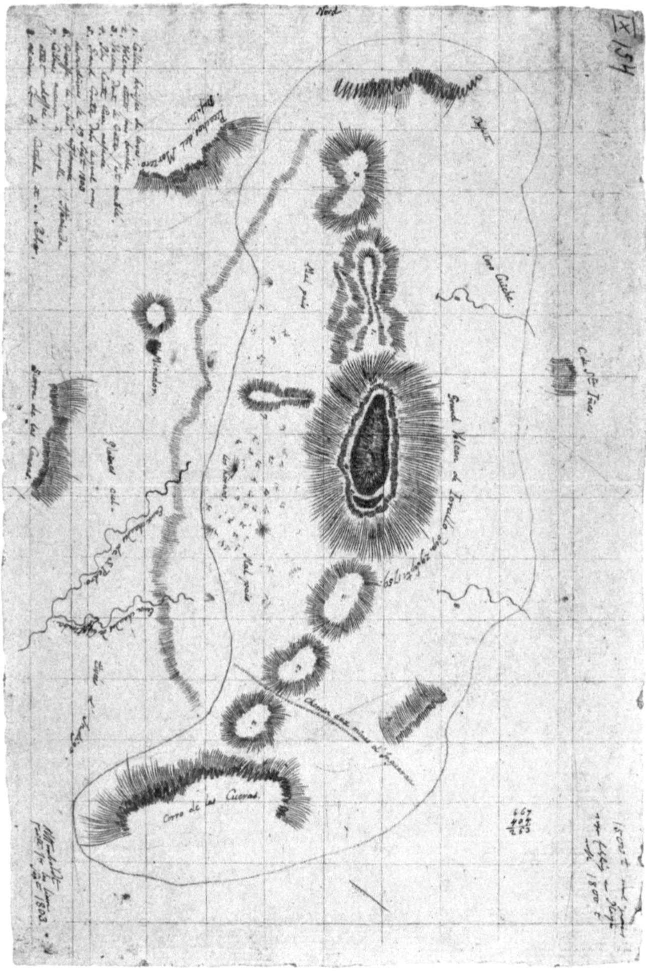

Abb. 11: Alexander von Humboldt: »Topografische Karte des Vulkans Jorullo mit Umgebung (Vizekönigreich Neuspanien), September 1803«. (Bildunterschrift zit. nach Ette/Maier 2018, S. 320.)

4. VORTRAG,
3. Januar 1828

Revolutionen der Erdoberfläche. Hypothesen der Alten darüber. – heiße Quellen. – Zusam̄enhang derselben mit Erdbeben und Vulkanen. – Erbeben. – Vulkane. –

Die Untersuchungen über die Beschaffenheit des festen Erdkörpers, über die geognostische Construction der Erde, haben von jeher die gebildeten Menschen beschäftigt. Doch ist erst in neueren Zeiten durch gesichtetere Beobachtungen eine mehr mythische Behandlung verdrängt worden. Man kann sagen Keppler habe die Gesetze erkannt und Newton sie erwiesen. Im Allgemeinen ist angenommen, daß der Erdball, bevor seine Oberfläche ihre jetzige Gestalt gewann, sehr verbreitete Revolutionen erlitten habe, welche die Ordnung der | Dinge veränderten. [13v]

Schon die Alten beschäftigten sich mit den mannigfaltigsten Hypothesen über die Veranlaßung der augenscheinlichen Veränderungen auf der Erdoberfläche. Bei der Frage über den ehemaligen flüssigen Zustand der Erde, theilten sich die Meinungen, wie bei uns, und schon bei den Griechen schieden sich Neptunisten von den Vulkanisten. Lange ist die mit den theologischen Theorien übereinstimmendere Ansicht die herschende gewesen, daß die Urgebirge vom Wasser durchdrungen, und in demselben aufgelöst gewesen seyen, und erst spät hat man Granit und Porphir, wie jetzt angenommen wird, für Producte des Feuers erkannt. – Ein Engländer, Profeßor Dudley in Oxford, hat kürzlich auf eine ergötzlich, geistreiche Weise einen geologischen Thermometer zusammengestellt, auf dem Gradweise angegeben ist, wie sich almälig die Meinung der Gelehrten für die vulkanische Hypothese erwärmt hat. – Seit Buffon und der Protogæa des großen Leibnitz haben genauere Untersuchungen ein helleres Licht über die Lagerungsverhältnisse der Gebirgsmassen verbreitet. – Die Krystallographie, eine neue Wissenschaft kommt uns zu Hülfe, um die sich der schätzbare Mineralog Hauy in Paris, große Verdienste erworben hat, und die hier mitten unter uns, Herr Profeßor Weiss gewissermaßen begründet hat. –

Wir müssen hierbei auf eine chemische und mechanische Heterogenität in den Bestandtheilen der Erde aufmerksam machen, und demnächst bemerken, wie die constanten Associationen der Gesteine eine Gebirgsart bilden, welche man mit derselben Mischung in allen Theilen der Erde wiederfindet. Die auf diese Weise verschiedenen und ähnlichen
[14r] Gebirgsarten bilden Gruppen, welche man For- | mationen nennt. Es ist Werner's, des verdienten Stifters der Freiberger Schule, unsterbliches Verdienst zuerst auf die Bildung dieser Formationen aufmerksam gemacht zu haben.

Wie schon früher bemerkt, ist das, was wir von der äußern Rinde der Erde kennen, im Verhältniß gegen ihren Durchmesser sehr unbedeutend. Ein weiteres Feld der Beobachtung bieten uns die Abhänge der großen Gebirge, indem wir annehmen, daß alle Gebirgsketten aus Spalten emporgetrieben, uns Bestandtheile der Erde aus größerer Tiefe sichtbar machen. – Die größte Höhe auf den Gebirgsrücken der Erde, ist vom Capt. Gérard auf dem Himalaya Gebirge (19,000′) erreicht worden, wogegen ich auf dem Chimborazo bis 18,600′ gelangt bin.

Die Kenntniß von der Zunahme der Temperatur der Erde nach Innen zu, giebt uns mannigfaltige neue Ansichten, und es steht diese innere Wärme offenbar in Verbindung mit den drei großen Erscheinungen der heißen Quellen, der elastischen Dämpfe, und der Vulkane, welche letztere von zweierlei Art sind: bleibende, welche als ein Zusammenhang zwischen dem innern Kerne des Erdkörpers und der Atmosphäre zu betrachten sind, und temporaire, dahin gehören Eruptionen, Inselbildungen, wie Sabrina, (eine der azorischen Inseln, plötzlich erschienen den 30ten Januar 1811) Monte nuovo, bei Methone zwischen Epidaurus und Troezene, höher als der Monte nuovo der phlegräischen Felder bei Bajae, Ischia, oder der Ausbruch des Xorullo in Mexico.

Das Phänomen der heißen Quellen, aus gewissen nahe an der Erdoberfläche befindlichen Lagern entzündlicher und oxidirbarer Substanzen, wie Steinkohlen | oder Schwefelkies, und aus oberflächlicher Einwirkung der Bäche, Flüße u. s. w. erklären zu wollen, scheint uns unzureichend. Die Erscheinung ist zu groß und zu dauernd, als daß wir jene Niederlagen von so geringem Umfange, und diese Einwirkung von so geringer Stärke, für genügend zu dessen Erklärung ansehen könnten. – Diese Quellen finden sich fast durchgehends in den krystallinischen, den sogenannten Urgebirgen, oder an deren Fuße, Gebirge die man für die Unterlage aller bekannten Gebirgsarten anzusehen genöthigt wird, und auch in der Nähe vieler vulkanischer Berge. – Die Gesteinart aus der das Karlsbader Thermal-Wasser hervorbricht ist Granit in mehrerlei Abänderungen, dessen grobkörnige Art die bekannten Zwillingskrystalle des Feldspaths auszeichnen. Einer Art des feinkörnigen sind mächtige Hornsteinmassen, auch Schichten spätigen und körnigen [14v]

Kalksteins beigemengt – und aus diesem Gestein besteht der, an den Hirschensprung sich anlehnende Schloßberg, so wie der Bernhardsfelsen. Das Wasser kommt aus Oeffnungen eines Kalksteins hervor, der von dem Wasser selbst gebildet wird, indem es überall wohin es fließt, nach Maasgabe als das kohlensaure Gas daraus entweicht, Sinter von einer festen, krystallinischen Textur absetzt. Der Sprudel, die heißeste der Karlsbader Quellen, hat nur eine Temperatur von 59° Reaum. wogegen in Südamerika heiße Quellen von 80° R. vorkommen, die zum Theil ganz ohne mineralische Bestandtheile sind, bei denen wenigstens durch Reagenzien keine Veränderung hervorgebracht werden kann. –

Die sinnreichen Versuche des Herrn Dr. Struve, die auch von andern schon mit Erfolg wiederholt worden sind, ver-
[15r] sprechen interressante Aufklärungen | über den Ursprung der Bestandtheile in den Thermalwässern. Reines, mit Kohlensäure verbundenes Wasser unter einem großen Druck durch das gepulverte Material des Gesteins aus dem ein Mineralwasser entspringt, getrieben, wird nämlich dem Thermalwasser sehr ähnlich, und enthält in ähnlichen Proportionen dieselben Bestandtheile.

Der Zusammenhang des Phänomens der heißen Quellen mit Erdbeben und Vulkanen ist eben so merkwürdig als constatirt. Als im Jahre 1755 Lissabon erschüttert und zerstört wurde, blieben die Quellen zu Carlsbad und Teplitz aus, und kamen rothgefärbt zurück. In demselben Zeitpunkte erfolgte ein Wasserbeben im Ocean, empfunden von dem Westindischen Archipelagus an bis nach Åbo in Finnland. Ueberhaupt fehlt es nicht an entscheidenden Beweisen, daß

die vulkanischen Wirkungen nicht von kleinlichen der Oberfläche nahen Ursachen abhangen, sondern große, tiefbegründete Erscheinungen sind. Selbst die Erdbeben liefern merkwürdige Beweise von der Existenz unterirrdischer Verbindungen, nicht blos zwischen vulkanlosen Bändern, sondern auch zwischen Feuerschlünden, die weit voneinander entfernt sind. So stieß der Vulkan bei der Stadt Pasto 3 Monat lang ununterbrochen eine hohe Rauchsäule aus. Diese Säule verschwand in demselben Augenblick, am 4ten Februar 1797 als 60 Meilen davon das große Erdbeben von Riobamba, und der Schlammausbruch der Moya 30-40,000 Indianer tödtete. Dieses Erdbeben, das zerstörendste von dem man vielleicht überhaupt Kenntniß hat, schien sich im Innern des Tuncuragua vorbereitet zu haben, in welchem man schon Jahre vorher von Zeit zu Zeit Getöse und Brüllen gehört hatte. Die Mit- | empfindung dieses Erd- [15v]
bebens reichte über einen Erdstrich von 170 lieues von Süden nach Norden, 40 lieues im Umfange wurde alles zerstört, und von herabstürzenden Bergtrümmern begraben. Dabei spaltete die Erde am Fuße des Tuncuragua, und Ströme von übelriechendem Schlamme entstürzten den Schlünden, und verwüsteten alles umher.

Die plötzliche Erscheinung der Insel Sabrina am 30ten Januar 1811 war der Vorbote der fürchterlichen Erdstöße welche bis 1813 fast unaufhörlich, erst die Antillen, dann die Ebene des Ohio und Missisippi, und zuletzt die Küsten von Venezuela erschütterten. Dreißig Tage nach der Zerstörung der Stadt Caracas erfolgte der Ausbruch des Vulkans von St. Vincent in den nahen Antillen.

Ein ebenfalls evidenter Beweis für den Zusammenhang der Vulkane und Erdbeben, ist, daß diejenigen Erdstriche in der Nähe der Vulkane, so lange dieselben in Thätigkeit, gegen Erdbeben gesichert sind. Man mögte sie also als eine Art Sicherheitsventile betrachten, und wenn der Chimborazo, diese vulkanisch gehobne Kuppel, wenn gleich kein thätiger Vulkan, geöffnet werden könnte, um den eingesperrten elastischen Stoffen einen Ausweg zu geben, so würden jene Erschütterungen aufhören, die seiner Umgebung oft das schrecklichste Verderben bringen.

Die Vulkane der Andeskette zeichnen sich durch die Eigenthümlichkeit aus, daß sie auch bei den heftigsten Ausbrüchen keine eigentlich geschmolzene Materie, keine wahre Lava von sich gegeben haben. Die Substanzen welche sie ausstoßen sind verschluckte Stücke Grünstein, Basalt, Bimstein, Wasser und ungeheure Massen teigartiger
[16r] Letten. Als nördlich vom Chimborazo am 19ten | Julius 1698 der Krater und Gipfel des 18,000 Fuß hohen Carguairazo bei einem heftigen Erdbeben in sich zusammenstürzte, drangen Ströme von Schlamm aus den aufgebrochenen Seiten des Berges, und verwüsteten einen Strich von 10-12 □ Meilen, die mit unfruchtbarem Koth bedeckt wurden. – Jedoch dürfen diese Inundazionen nicht als eigentlich vulkanische Erscheinungen betrachtet werden. Es sind Phänomene die mit den Eruptionen der Vulkane meteorologisch zusammen hangen, und durch die Höhe der Berge, den Umfang ihrer stets beschneiten Gipfel und die Erwärmung der Wände der Aschenkegel vielfach modificirt werden. In weiten Höhlen, bald am Abhange, bald am Fuß der Vulkane ent-

stehen unterirrdische Seeen, die mit den Alpenbächen vielfach communiciren. Wenn Erdstöße, die allen Ausbrüchen der Andeskette vorhergehen, die ganze Masse des Vulkans mächtig erschüttern, so öffnen sich die unterirrdischen Gewölbe, und es entstürzen ihnen zugleich Wasser, Fische und jener tuffartige Schlamm. Dies ist die sonderbare Erscheinung der von den Vulkanen ausgeworfenen lebenden Fische, eine Gattung Wels, (Pimelodes Cyclopum) Preñadilla von den Bewohnern des Hochlandes von Quito genannt. – Bei einem Ausbruche des Vulkans Imbaburu wurden die Faulfieber in der nahe gelegenen Stadt Ibarra, der zahllosen, alle Felder bedeckenden Menge dieser Fische zugeschrieben.

Diese Ueberschwemmungen sind nicht zu verwechseln mit den Strömen von Regenwasser, welche wie beim Vesuv, die (durch den aus dem Krater aufsteigenden Wasserdampf) während der Eruption gebildeten Wolken | herabgießen. Das [16v] Erkalten der Wasserdämpfe, und die dadurch bewirkte plötzliche Condensation derselben vermehrt die elektrische Spannung, und erregt das Spiel elektrischer Kräfte, die ein locales, vulkanisches Gewitter hervorbringen, das mit einem wolkenbruchartigen Regen begleitet ist. Solch eine Erscheinung charakterisirt unter allen Zonen das Ende einer Eruption, ohne jemals als eigentlich vulkanisches Erzeugniß angesehen werden zu können, was diejenigen Gelehrten annehmen mögten, die an einen unmittelbaren Zusammenhang der Vulkane mit dem Meere glauben. – Vor 5 Jahren als ich Gelegenheit hatte einen Ausbruch des Vesuv zu beobachten, fanden sich unter den Wasserströmen, die dem Berge entstürzten, auch zahlreiche Muscheln. Es waren jedoch Versteinerungen, einer merkwürdig neuesten Formation angehörend, und keine von denen die noch jetzt im Golf von Neapel vorkommen.

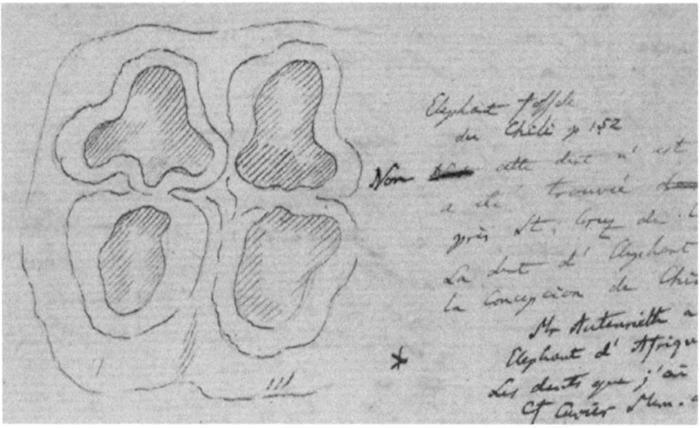

Abb. 12: Alexander von Humboldt: »Querschnitt durch einen fossilen Elefantenknochen [...], um 1801«. (Bildunterschrift zit. nach Ette/Maier 2018, S. 477.)

5. VORTRAG,
10. Januar 1828

Hypothese einer Polaroeffnung. – Mannigfaltigkeit der Gebirgsformation. – 1. Urgebirge. 2. Übergangsgebirge. 3. Flötzgebirge. (a. ältere. b. jüngere Flötze) 4. Tertiäre Gebirgsmassen. (a. untere tertiäre, b. mittlere tertiäre, c. obere tertiäre.) – Vorkom̄en in den verschiedenen Gebirgsmassen: Steinkohle – vegetabilische Petrefakten als: monocotyledonen, acotyledonen, dicotyledonen. – Animalische Petrefakten als: Schnecken verschiedener Ausbildung; Fische; Krokodille, Eidechsen; große Vierfüßler, Pachydermen, Mastodonten.

In der Provinz Popayan bilden die schweflichten Dämpfe, welche der Vulkan Purace ausstößt, in Verbindung mit den Wässern die ihm entströmen, einen Bach, von den Anwohnern: der Essigfluß genannt, der sich in den Fluß Cauco? ergießt, einem mächtigen Flusse, von der Breite des Rheins, in dem nach der Einmündung des Baches auf eine weite Strecke hinaus, kein Fisch existiren kann, so stark ist die Beimischung von Schwefel und Salzsäure. Herr Toussaint hat neuerdings meine Analyse dieses Wassers wiederholt. Er ist derselbe der die Entdeckung der Platina als anstehendes Gestein gemacht hat, da man sie früher nur als Geschiebe kannte.

Es möge hier die Erwähnung der wunderlichen Hypothese des Captain | Simmes ? zu St. Louis am Missouri, eine [17r]
Stelle finden, der die Behauptung aufstellt, daß sich im Innern der Erde eine weite Höhlung befinde, zu der ein Loch am Nordpol, eine Oeffnung von mindestens 20° führe. Er hält es für sehr ausführbar mittelst einer kurzen Sommerreise, von Sibirien aus, diese Höhlung zu erreichen, aus der er eine reiche Ausbeute an Pflanzen und Thieren verspricht. Er nimmt jedoch an, dass keine Menschen das Innere der Erde bewohnen, die übrigens von einem eignen Planeten Proserpina, in ihrem Centro erhellet wird. – Wenn man sich aber an die Entdeckung des verstorbenen Chladni erinnert, daß die Luft in einem Zustande von heftiger Compression leuchtend wird, so könnte man annehmen, daß durch die von oben

eindringende Luft Licht genug hinein gebracht würde, und es zur Erleuchtung weder eines Pluto noch einer Proserpina bedürfte. – Mr. Simmes hat sich ganz kürzlich an den Magistrat zu Augsburg gewendet, und ihn zur Hülfeleistung bei seinem Unternehmen aufgefordert.

Die Erdrinde zeigt eine so große Mannigfaltigkeit in ihrem Bau, daß die Geognosten sich berechtigt halten mehrere große Abtheilungen zu unterscheiden, und eine successive Bildung anzunehmen. Die Grundlagen der verschiedenen Geschosse bilden:

I. Die Urgebirge. Alle Glieder dieser Abtheilung tragen das Gepräge einer chemischen Bildung; sie sind krystallinisch; alles ist wie aus einem Guß. Es ist wahrscheinlich, daß diese Massen durch einen Oxidationsproceß entstanden sind,
[17v] und nicht uranfänglich so waren. Versteinerungen als | Denkmäler lebender organischer Wesen finden sich nicht. Man rechnet hierher: Granit, Gneiß, Glimmerschiefer, Urkalk, Urthonschiefer, und eine Formation die ihre Stelle einnimmt auf der Grenze der Ur- und Uebergangsgebirge, den Euphotid des Herrn Hauy, den man früher mit dem Namen serpentinartiger Urgrünstein bezeichnete. Das älteste Gebilde aus dem Gebiete der Urzeit, deren Beobachtung vergönnt gewesen, ist der Granit. Diese Gebirgsart ist aus Quarz, Feldspath und Glimmer zusammengesetzt, so, daß sie in ihrer Struktur vom grobkörnigen, bis zum feinkörnigen vorkommt. Der Granit bildet die höchsten und steilsten Punkte auf der Oberfläche der Erde, und dehnt sich in Gestalt von Ketten und Gebirgsgruppen über den ganzen Planeten aus. Der Gipfel der Andeskette, der Chimborazo, den man lange für

den höchsten der Gebirgsrücken gehalten hat, besteht jedoch nicht aus Granit, sondern Trachyt. Man weiß jetzt, daß das Himalaya Gebirge in Indien, die Andes an Höhe übertrifft. Der höchste Punkt desselben der Dhawallagiri, ist zwar noch nicht erstiegen worden; durch trigonometrische Messungen ist aber seine Höhe ermittelt, und die durch Flüsse herabgeführten Bruchstücke, lassen vermuthen, daß seine Kuppe aus Granit bestehe.

II. Die Uebergangsgebirge. Es sind noch immer chemische Bildungen, aber die krystallinische Form tritt mehr zurück, und schon beginnen Conglutinate, Verkittungen von zertrümmerten Gesteinen. Die Felsarten zeigen, rücksichtlich ihrer Bestandtheile noch viel ähnliches mit den Urgebilden, erscheinen aber der Form nach wechselnd mit Trümmer-Gesteinen und Sandsteinartigen | Bildungen. Manche [18r]
Reste organischer Wesen – Abdrücke von Schilfen, von Palmen, und baumartigen Farren, von Madreporen, Pentakriniten, Trilobiten etc. Thiere aus den niedern Klassen – sind hier vorzugsweise zu Hause. Ich sage nicht in den obern Lagen, in den minder alten Gliedern dieser Abtheilung, sondern im Allgemeinen, in den nicht feldspatigen Gesteinen, und in jenen deren Masse kein krystallinisches Ansehn trägt. Hierher gehört: Körniger, talkiger Kalk, Grauwacke mit Kohlenblende, Uebergangsthonschiefer, Porphyr, Syenit, Grünstein, schwarzer Kalk.

III. Flözgebirge. Die Entwickelung der Flözgebilde ist sehr ungleichartig erfolgt auf unserer Erdfeste, und dies ungleichartige der Entwickelung gehört zu den wichtigsten Aufgaben der Geogonie oder geschichtlichen Geologie.

Deutlich unterscheidet man ältere und neuere Flözgebilde.

a. Die älteren folgen in der Lage auf das Uebergangsgebirge. Conglutinate, der Quadersandstein, Zechstein oder Alpenkalk (magnesian limestone) überhaupt Kalkstein, der früher nur sehr untergeordnet erscheint, herrschen vor. Die Steinkohlen sind hier zu Hause. Die Menge der Petrefacten wächst; von Vegetabilien finden sich Rohr, Palmen, Farrenkräuter, aber keine höhern Pflanzen; von Thieren außer Conchylien, auch Fische, und wiewohl äußerst selten, Reste von Amphybien. – Muschel und Jurakalk, Salzthon, Steinsalz, Sandstein, und zuletzt die Kreide gehören zu dieser Formation.

b. Die jüngern Flöze. Hier tritt das Eisenoxydhydrat in größter Ausdehnung auf. Es gehören hierher der bunte Sandstein, und der Sand mit Braunkohlen unter der Kreide: zwei
[18v] sandsteinartige Formationen mit Eisenoxyd ge- | färbt. Zahllose Petrefacten, nun schon auch Dicotyledonen – von Thieren besonders Conchyliolithen, Fische, Cetaceen, Amphybien, aber noch keine Landsäugethiere.

II und III werden secundäre Gebirgsmassen genannt, deren Charakter das Vorkommen von Petrefacten, den Resten einer lebendigen Schöpfung ist. Nun folgen:

IV. Die tertiären Gebirgsmassen. Sie bilden die äußerste Rinde der Erde; die chemischen Gebilde werden immer seltner und undeutlicher, und die mechanischen sind die vorherrschenden. Es lassen sich drei Folgen unterscheiden:

a. Die untern tertiären. In diesen kommen Reste organisirter Wesen vor, den jetzigen zwar ähnlich, aber einer untergegangenen Schöpfung angehörend. Bedeutende Lager von Braunkohlen, als residua untergegangener Wälder.

b. Die mittlern tertiären Massen. Sie sind ausgezeichnet durch den Wechsel von Meer- und Süßwasser-Geschöpfen; es müßte also die Periode seyn, wo das Meer sich zurückzog, aber noch einigemal wiederkam. In ihnen finden sich die Reste von colossalen Landthieren und ganz unbekannten Vierfüßern. Oft finden sich See- und Landthiere nicht weit von einander; hier Wallfische und Delphine, und ganz nahe dabei Elephanten und Rhinoceros.

c. Die obern tertiären Massen. Diese bilden sich noch alle Tage. Die Reste von organischen Wesen, die sich darin finden, gehören der jetzigen Schöpfung an; darunter auch Knochen von Menschen.

Sehr wichtig für uns ist das letzte Geschoß, dies aufgeschwemmte Land, auch als die Hauptlagerstätte der edlen Metalle und der Diamanten, die nicht | in anstehendem Ge- [19r]
stein in Gängen, sondern unter Sand und Lettenschichten als Geschiebe vorkommen. Kleine Flüsse in Brasilien führen den Waschwerken die 3 kostbaren Erzeugnisse Gold, Platin und Diamanten oft in großer Nähe beysammen, zu. Der größte Theil des Goldes das in den Handel kommt, besteht aus Körnern, die aus Lettenschichten gewaschen werden. Auch der neuerdings für Rußland so wichtig gewordene Fundort des Goldes am Ural zeigt ein ähnliches Vorkommen, wie denn auch Edelsteine aller Art: Hyacinth, Saphir u. s. w. nur im aufgeschwemmten Lande gefunden werden. Auf Zeilon findet man gediegenes Silber in Geschieben, und das häufige Vorkommen des gediegenen Kupfers, ist unstrei-

tig Veranlaßung, daß in einem früheren Menschenalter, auf beiden Hemisphären, der Gebrauch desselben, dem des Eisens so lange vorhergegangen ist. Merkwürdig scheint es mir, daß die ältesten Völker es verstanden haben dem biegsamen Metall, durch einen Zusatz von Zinn, (das Aes der Griechen) eine größere Härte zu geben, ohngeachtet diese Mischung in der Natur nicht vorkommt.

Die wahrhafte Steinkohle ist dem Uebergangsgebiete eigen; aber die große Kohlenstoff-Niederlage findet sich auf der Grenze der Uebergangs- und Flöz-Gesteine. Diese Lagerungsweise hat zur Folge, daß die Kohlen zuweilen mit Sandsteinartigen Schichten wahrhafter Grauwacke verbunden, untermengt vorkommen. In diesen Steinkohlenlagern sind die vegetabilischen Petrefacten sehr zahlreich, aber es zeigen sich nur Ueberbleibsel von Monocotyledonen und Acotyledonen, und weit später kommen Dicotyledonen vor, unsern Waldbäumen ähnlich. Es fragt sich auf welche Weise
[19v] wir im Stande sind, diese | zum Theil undeutlichen Ueberbleibsel so genau zu unterscheiden. Herr Desfontaines hat uns zuerst auf einen wesentlichen Charakterunterschied der Pflanzen aufmerksam gemacht, demgemäß aus der Physiognomie des Holzes selbst die Pflanzenfamilie bestimmt werden kann. Es findet sich die merkwürdige Uebereinstimmung, daß bei allen mit einem Saamenlappen keimenden Pflanzen (Monocotyledones) die Gefäße nicht in concentrischen Ringen, die jüngern nach Außen zu, sondern in Bündeln vertheilt, die jüngern im Mittelpunkt (Endogenen) des Stammes liegen. Diese Gewächse haben keine wahre Rinde, wachsen von Innen nach Außen; der ganze Stamm ist markig, und

das Holz liegt in Längenbündeln, gleichsam zerstreut, umher in der Marksubstanz. – Bei den mit 2 Saamenlappen keimenden Pflanzen (Dicotyledones) liegen die Gefäße in concentrischen Lagen, die jüngern nach Außen (Exogenen), und sie wachsen indem dem verhärteten, bleibenden Jahrtrieb sich immer ein neuer oben ansetzt. – Der Stamm der baumartigen Endogenen ist gewöhnlich schlank und lang, fast ungetheilt und astlos, cylindrisch; jener der Exogenen gewöhnlich ästig und conisch. – Was das numerische betrifft so findet man in den wesentlichen Blüthentheilen der Monocotyledonen die Zahl 3 vorhersehend, oder die eines vielfachen von 3, wogegen bei den Dicotyledonen die mannigfaltigsten Zahlenverhältnisse statt finden. – Merkwürdig für unsere Ernährung ist die erstere der Pflanzengruppen, denn dahin gehören die Gräser, mit den Cerealien, die unter den Tropen zum baumartigen Pisang werden, ferner die Palmen, unter diesen die Sagopalme, der Reis etc.

Der Grundsatz, daß die Natur von dem Einfachen zum Zusammenge-|setzten in ihren Erzeugnissen fortgeschritten, findet demnach seine Anwendung, und gilt von den Thieren ohne Bedenken. Die Petrefacten aus den mindersten Thierklassen finden sich in den ältesten Gebirgsmassen. Wir finden hier ein- und mehrkammerige Schnecken, von mannigfaltigen Arten, zum Theil von bedeutender Größe, unter den Ammoniten von mikroscopischer Kleinheit, bis zu einer Größe wie sie keine lebende Schnecke mehr erreicht. Es kommen Ammonshörner vor, die einen Durchmesser haben von 2 auch 3 Fuß. – Die graden Schnecken mit Scheidewänden heißen Orthoceratiten. Ihnen nähern sich die [20r]

Hippuriten, deren Scheidewände weniger regelmäßig stehen. Aber eine höchst sonderbare Form bieten die Belemniten dar, wie sie durchaus nicht mehr unter den lebenden vorkommt. Ein kegelförmiger Körper hat eine Hölung, worin sich eine vielkammerige Schnecke befindet. Das Thier lebt in der vordern Kammer, und die hinteren sind leer. Zuweilen ist aber die vordere Kammer so klein, daß das Thier sich großentheils außerhalb befindet, und die Schale zum Theil umgiebt; eine Bemerkung, die Péron zuerst an dem Nautilus Spirula der indischen Meere gemacht hat. Dasselbe scheint auch der Fall mit den Belemniten gewesen zu seyn. Das Thier lag außerhalb der Schaale, und umschloß sie zum Theil.

Eine jüngere Flözbildung enthält jene zahllose Menge versteinerter 1- und 2-schaliger Muscheln, welche nicht selten Lagenweise aufgehäuft sind, und nach welchen das Gestein den Namen Muschelkalk erhalten hat. Cuvier hat unter diesen Ueberresten eine versteinerte Nautilus-Art gefunden, die mit dem Tintenfische Aehnlichkeit hat, in dem die Sepia
[20v] sich in einem noch auf-|lösbaren Zustande befindet. Prof. Buckland zu Oxford hat der Beschreibung dieses Petrefacts eine Abbildung zugefügt, die mit dem, diesem Thiere eigenthümlichen Farbestoff gemalt ist, und keinesweges etwa von einem dem Gestein beigemengtem Eisenoxyde herrührt.

Nunmehr aber nähern wir uns einer Formation, zumal in deren jüngeren Schichten wir immer mehr den wunderbaren, theils gigantischen, theils wenigstens sonderbar gebauten, erloschenen Thieren der obern Klassen begegnen, die uns das Daseyn einer vormaligen vollständigen Thierschöpfung verkünden. Fische in zahlloser Menge treten auf – Krokodillartige Thiere, größer als sie jetzt noch irgendwo angetroffen werden. Der Megalosaurus eine ungeheure Eidexe von der Höhe eines Ochsen, und von 60-70′ Länge, während die größten Krokodille die ich je gemessen habe nur 22-24′ lang sind. Der Pleisiosaurus, ein großes Krokodill mit einem Schwanenhalse, der fast die halbe Länge des Körpers ausmacht. Wir müssen uns denken, daß dies gefährliche Thier am Ufer gelegen, und von da aus mit dem langen Halse seine Beute erhascht habe. Der Ichtiosaurus, den man in den Kalkformationen des Jura antrifft; er zeichnet sich durch seine großen Fischaugen aus, während andere Krokodille kleine geschlitzte Augen haben. Ferner schuppige Eidechsen mit Flügeln, wie die in den Steinbrüchen von Aichstedt gefundene berühmte fliegende Amphibie, deren Abbildung Cuvier wiederholt hat.

Das riesenhafte Thier vom Ohio, Mastodon von Cuvier genannt, ist dem Elephanten verwandt, ohne im Baue genau mit demselben übereinzustimmen. Die großen | zum [21r]
Theil so wunderbar gebauten Landthiere erscheinen jedoch erst über der Kreide, und gehören dem tertiären Gebiete an. – Mit großer Genauigkeit hat Cuvier die fossilen Knochen aus den Bergen von Montmartro bei Paris untersucht und darunter 2 Gattungen gefunden, welche nicht mehr unter den lebenden vorkommen, und von ihm Palaeotherium und Anaplotherium genannt werden. Das erste ist eine zwischen Pferd, Tapir und Nashorn stehende Thierart, von der Cuvier allein in den Gypsfelsen bei Paris vorkommend 5 Species

unterscheidet, und von welcher aus andern Gegenden, zumal Frankreichs, noch eben so viel zusammengebracht worden sind. Das 2te gleichfalls ausgestorbene Thiergeschlecht Anaplotherium ist zwischen Pferd und Nashorn einerseits, und Nilpferd, Schwein und Kamel anderseits zu setzen. – Bemerkenswerth ist es, daß die meisten dieser Thiere, denjenigen verwandt scheinen, welche jetzt bei uns in den Sümpfen leben, und zu den dickhäutigen Thieren, den Pachydermen gehören.

Man hat bereits in den verschiedenen Gegenden der Erde 130 Species unbekannter Säugethiere entdeckt, vom Wolf bis zum Elephanten, größer als die uns bekannten in Ostindien. Fälschlich hat man die am Ohio und auf dem Giganten-Felde bei Bogotà, 5-6000′ hoch vorkommenden Mastodonten, des Baues der Backenzähne wegen, für Reste fleischfressender Elephanten erklärt.

– Eine besondere und auffallende Eigenthümlichkeit ist, daß man an einigen Orten Elephantenknochen entdeckt hat, welche noch mit Fleisch, und andern Weichgebilden bekleidet waren. Die constatirteste Thatsache der Art, liefert der von Adams nach Petersburg gesandte Elephant, dessen Erhaltung fast wunderbar vollkommen zu nennen ist. Im
[21v] Jahre 1799 bemerkte ein fischender Tunguse, | an der Küste des Eismeers, nahe der Mündung der Lena, mitten zwischen Eisschollen, einen unförmlichen Block, den er nicht genauer erkennen konnte. Im folgenden Jahre sah er die Masse etwas freier liegen, und gegen Ende des Sommers war eine ganze Seite eines Thiers, mit einem Stoßzahne ganz deutlich aus dem Eise hervorgetreten. Erst nach dem 5ten Jahre,

ward die Masse an die Küste auf eine Sandbank geworfen. Der Fischer nahm dem Thiere die Stoßzähne ab, und verkaufte sie. Erst 2 Jahr später, also 7 Jahr nach der Entdeckung, wurde der Engländer Adams, welcher den Grafen Golofkin auf einer Reise nach China ? begleitete, in Jakutzk davon unterrichtet, und begab sich an Ort und Stelle. Er fand das Thier schon sehr verstümmelt. Die Jakuten in der Nachbarschaft, hatten das Fleisch in Stücke geschnitten, um ihre Hunde damit zu füttern. Wilde Thiere hatten auch davon gefressen; indessen fand sich doch das Skelett noch ganz. Ein wohlerhaltenes Ohr zeigte einen Haarbüschel; man konnte den Augapfel noch unterscheiden. Die Haut war mit schwarzen, steifen 18 Zoll langen Haaren, und mit zarteren Haaren, oder einer Wolle von röthlicher Farbe bedeckt. – Im feuchten Boden fand man mehr als 30℔ jener steifen und zarten Haare, welche die Eisbären verscharrt hatten. Der Kaiser von Rußland kaufte dies wunderbare Denkmal einer älteren Schöpfung, und ließ es in der Sammlung der Academie in Petersburg niederlegen.

Ein ebenfalls sehr merkwürdiges, nicht mehr lebendes Säuge-Thier, ist das in Paraguai gefundene Megatherion, ein Riesenfaulthier, 12′ lang, und 6′ hoch, dessen Zehen mit ungemein langen Krallen bewaffnet sind, wie sie die | Ameisen- [22r]
fresser haben. Die Faulthiere und Armadille der jetzigen Welt, sind dagegen sehr kleine Thiere.

Den neuesten Forschungen verdanken wir besonders ein helleres Licht über diese sonderbare Folge der organischen Bildungen, um deren Untersuchungen Lamark, und Brogniart, Cuvier's Schüler, sich so verdient gemacht haben, wie unter den Deutschen Herr v. Schlotheim, und der Graf Sternberg. Von dem merkwürdigsten Scharfsinn zeugt aber ganz besonders Cuvier's berühmtes Werk: Recherches sur les ossemens fossiles etc. welches uns lehrt das Zusammengesetzte aus dem Einzelnen zu vermuthen, und aus einem aufgefundenen Knochen das Geschlecht des Thieres zu bestimmen. – Hieran schließen sich die interressanten Untersuchungen von Geoffroy de St. Hilaire, von Sir Everard Home, Rudolphi, Meckel etc.

Von großer Wichtigkeit ist ebenfalls die Entdeckung des Profeßor Buckland zu Oxford, auf welche ihn die genaue Untersuchung einer Höhle zu Kirkdale in Yorkshire vorerst geleitet, die 200 Fuß lang, bei einer zwischen 2-7′ variirenden Höhe und Breite sich in Kalkstein erstreckt. Es finden sich in dieser Höhle Knochen in zahlloser Menge, von den verschiedensten Thieren, Elephanten, Nashorn, Bären etc. untermischt mit Knochen von Hyänen. Dabei findet der sonderbare Umstand statt, daß sämmtliche Knochen unvollständig, augenscheinlich angefressen sind. Die bekannte Eigenthümlichkeit der indischen und afrikanischen Hyänen, ihren Raub zusammenzuschleppen, hat den Herrn Buckland auf den Schluß geführt, daß die sämtlichen in diesen Höhlen vereinigten Knochen von den Hyänen, vor Eintritt der zerstörenden Naturrevolution zusammengetragen wor-
[22v] den | sind, um mit denselben gleichzeitig ihr Grab zu finden. – Durch diese Annahme ist zugleich das Räthsel gelöst, wie zum Theil colossale Thiere durch eine verhältnismäßig viel zu enge Oeffnung in diese Höhlen gelangen konnten. – Herr Buckland hat zur Bestätigung seiner sinnreichen Hypo-

these, assimilirte Theile in den Höhlen gefunden, die von den Wärtern einer Ménagerie in London, sogleich für Excremente von Hyänen erkannt worden sind. –

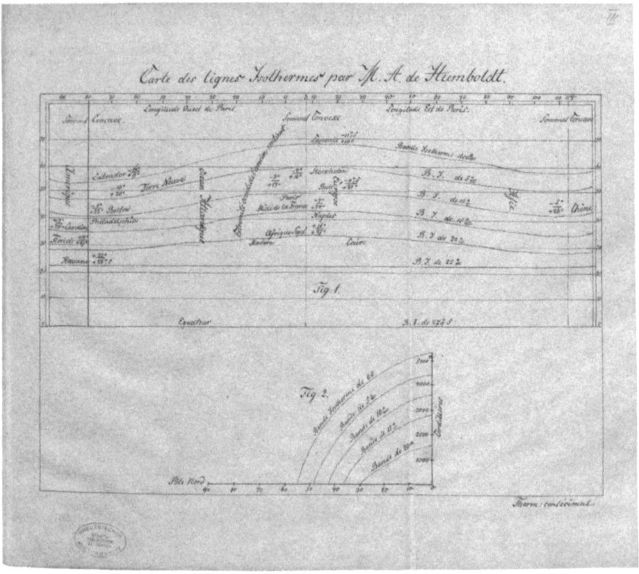

Abb. 13: »Carte des lignes Isothermes par M. A. de Humboldt«: handgefertigte Kopie der 1817 von Alexander von Humboldt im Druck veröffentlichten Isothermenkarte.

Aus einer anonymen Nachschrift der ›Kosmos-Vorträge‹ an der Berliner Universität (N. N. 1827/28, S. III). (Zu dieser Karte als einem der »Schlüsselmomente der Datenvisualisierung« siehe z. B. Schneider 2018.)

6. VORTRAG,
17. Januar 1828

III. Climatologie.

zwei flüssige Hüllen des Erdkörpers:

1. Luft. –

relativer Ausdruck von fest, tropfbar, flüssig und gasförmig. – Wärme wird frei beim Übergang des einen in den andern Zustand. – Höhe unsers Luftkreises. – Bewegung desselben durch Winde. – Stürme. – Veränderungen im Barometerstande. – periodische. – Bestandtheile der Athmosphäre. – Einfluß der verdünnten Luft auf Höhen. – Wasserdunst in der Luft. – Hygrometer. –

Wir gehen nunmehr zu einem andern Theile des Naturgemäldes über, zur Betrachtung der flüssigen Hüllen des Erdkörpers, der Luft und des Meeres. – Zuvörderst bemerke ich, daß derjenige Zustand der Körper den man mit fest, flüssig, tropfbar oder gasförmig zu bezeichnen pflegt, nur einen relativen Begriff ausdrückt, indem ein und derselbe Körper alle diese Zustände zu durchgehen fähig ist. So kennen wir den Schwefel als einen festen Körper, welcher, der Wärme ausgesetzt, schmilzt, und bei noch größerer Hitze sich verflüchtigt. Das flüssige Quecksilber wird durch das Feuer sublimirt, und gefriert zum harten Körper bei einer Temperatur von −32° Reaum. (So blieb auf der Reise des Capt. Parry gegen den Nordpol, während seines Aufenthalts auf Melville Island, 4-5 Monate lang ununterbrochen das Quecksilber gefroren, da das Thermometer stets $\frac{0}{32°}$ zeigte. Dennoch fehlt es in jenen Gegenden nicht an Thieren, welche im Stande sind dieser Kälte zu widerstehen. Es leben dort Rennthiere, Hasen, und eine Art Ochsen, von dem Geruche ihrer Häute, Muskusochsen genannt.)

Die Metalle insbesondere sind geeignet diesen 3fachen Zustand anzu-|nehmen, und die Metalloide der Alkalien [23r] erscheinen flüssig, selbst bei einer sehr mäßigen Temperatur. So kennen wir das Wasser flüchtig als Wassergas, und als Eis in so starrem Zustande, daß es am Nordpol, und auf hohen Bergen einen Theil der Gebirgsmassen des festen Erdkörpers auszumachen scheint. – Bei dem jedesmaligen Uebergange aus einem Zustande in den andern, wird Wärme frei, die zuvor gebunden (latent) die Form bestimmt hat, unter der ein Körper uns erscheint. Hierauf gründet sich die Entdeckung des Profeßor Leslie zu Edinburgh, welche das Mittel an die Hand giebt, mitten in der Tropenhitze Eis herbeizuschaffen, wenn auch keine hohen Berge in der Nähe sind. Unter dem Recipienten der Luftpumpe macht er das Wasser bei jeder Temperatur, durch seine Verdünnstung, in wenig Minuten gefrieren, indem er den entstandenen Wasserdampf, durch zugleich unter die Glocke gebrachte concentrirte Schwefelsäure absorbiren läßt, und dadurch den leeren Raum immer wieder herstellt, so daß die Verdünstung ununterbrochen schnell fortgehen kann. – Sehr viele dieser Maschinen sind seitdem von England aus, nach Ost- und Westindien versendet worden, und es ist nur zu bedauern, daß die Erzeugung dieses Erfrischungsmittels im Großen doch immer etwas theuer zu stehen kommt.

Gay-Lussac hat gezeigt, daß die Wärmestrahlung des Bodens durch trockne Luft gegen einen wolkenfreien Himmel, die eigentliche Ursach des sonderbaren Erkältungs-Processes ist, der den Dr. Oudney vor Kälte sterben ließ, mitten in Afrika, an der Grenze von Bornu, unter dem 13ten Grade der Breite, zu Ende Decembers, in einem Lande, das, nach
[23v] Barometer-Messun-|gen nicht 1200′ über dem Meeresspiegel erhaben ist. – So verursacht trockne warme Luft gegen die befeuchtete Kugel eines Thermometers geblasen, ein augenblickliches und bedeutendes Fallen des Quecksilbers.

Dem englischen Chemiker Faraday ist es gelungen mehrere früher als permanent gasförmig betrachtete Körper zu

condensiren und in flüssigem Zustande darzustellen. Bei 0°
und 36 Atmosphären Pression erhielt er die Kohlensäure li-
quid, die farblos, dünnfließend und leicht erscheint. – Auch
das Schwefelwasserstoffgas wurde in eine farblose, sehr
leicht bewegliche Flüssigkeit verwandelt, und zwar bei +10°
durch den Druck von 17 Atmosphären. Doch ist es noch
nicht gelungen, weder die atmosphärische Luft, noch das
Wasser-, Sauer- oder Stickstoff-Gas zu condensiren, wahr-
scheinlich weil diese Stoffe noch einen größern Druck er-
fodern. – Wäre der Plan von Maupertuis ausgeführt, wel-
cher vorschlug in der Nähe unserer Stadt ein tiefes Loch,
einen mehrere Meilen tiefen Schacht graben zu lassen, so
würde dies Problem gewiß mit großer Leichtigkeit zu lösen
seyn, da sich berechnen läßt, daß bei einer Tiefe von 11 Mei-
len die Luft einen so comprimirten Körper bilden muß, daß
Platina darauf schwimmen würde.

Die Frage von der Höhe unseres Luftkreises läßt keine
absolute Beantwortung zu. Eine Berechnung, auf den Win-
kel von 18° begründet, unter dem die Sonne bei der Dämme-
rung sichtbar wird, würde eine Höhe von beinahe 8 Meilen
ergeben. Die Verdünnung der Luft in dieser Höhe müßte grö-
ßer seyn, als wir sie unter der besten Luftpumpe hervorzu-
bringen im Stande sind, und da sie nur $\frac{1}{106}$ Linie betragen
könnte, so wäre dieser | Raum wohl luftleer zu nennen. Da- [24r]
gegen verändert sich der Druck der Luft, auf den größten
Höhen die wir in Luftbällen, und auf hohen Bergen erreicht
haben, nur bis auf 13-14 Zoll, gegen den Barometerstand von
28 Zoll in der Ebne. – Verschiedene Meteore in der Atmo-
sphäre (Sternschnuppen, Aerolithen pp.) scheinen jedoch

unzweideutig anzuzeigen, daß in Höhen von 30-40 Meilen, selbst 100, der Luftkreis seine Gränze noch nicht erreicht haben mögte.

Der Druck der uns umgebenden Atmosphäre erleidet theils regelmäßig wiederkehrende, theils unregelmäßige Veränderungen, und in dem dadurch gestörten Gleichgewichte erkennen wir die Veranlaßung der strömenden Bewegungen ganzer Massen von Luft, die als Winde uns theils Wärme bringen, theils nehmen. Mäßige Winde legen in einer Sekunde 10-15′ zurück. Stürme durchlaufen in derselben Zeit 40 und mehr Fuß. Man will selbst Orkane mit 124′ Geschwindigkeit in 1 Sekunde beobachtet haben. – In England hat man Beispiele, daß die Schnelligkeit der Rennpferde im eigentlichen Verstande, der des Windes gleichkommt. Das berühmte Rennpferd Eclipse legte 58′ in 1 Sekunde zurück, was schon einem starken Sturme vergleichbar ist. – Dagegen ergiebt das Resultat der Versuche welche ich im Jahre 1823 in Gemeinschaft mit den Herrn Arago, Bouvard, Gay-Lussac und Prony, zwischen Ville-Juif und Montlhery bei Paris, über die Geschwindigkeit des Schalles angestellt habe, daß derselbe 1038 Fuß in der Sekunde durchläuft. Eine Kanonenkugel braucht 1 Sekunde um 1500′ zurückzulegen, wogegen in derselben Zeit der Lichtstrahl 40,000 Meilen durchmißt.

[24v] Sehr merkwürdig sind die schon vorlängst beobachteten periodischen Veränderungen im Barometerstande, die abgesehen von der Verschiedenheit desselben im Großen, mit unverkennbarer Regelmäßigkeit stündlich wiederkehren. Der höchste Stand ist von 9-9½ Uhr früh, worauf das Queck-

silber sinkt bis 4 Uhr, und um 11 Uhr Abends den Standpunkt des Morgens wieder erreicht. Es finden also 2 maxima und 2 minima statt, eine Ebbe und Fluth die mit so großer Regelmäßigkeit zurückkehrt, daß man am Barometer sehen kann was die Uhr ist. Die ganze Oscillation beträgt nur etwa $1\frac{1}{2}$ Linien, und unter den Tropen reicht ein Tag und eine Nacht hin, um den ganzen Cyclus zu beobachten. In Deutschland bedurfte es 20 Tage, um die Mittelzahl der Stunden zu finden. Diese periodische Oscillation wird weder durch Stürme noch Gewitter, noch Erdbeben unterbrochen; sie findet statt in der Höhe von 15,000 Fuß, wie auf der Ebene; weder Wärme noch Kälte übt einen Einfluß, noch steht sie, wie die Meeresfluth mit dem Monde in Verbindung, der so wenig in den Syzygien als in den Quadraturen im geringsten sichtbar auf diese Veränderung zu wirken scheint.

Die Atmosphäre welche unsern Erdball umgiebt, besteht aus einem Gemenge von Sauerstoff, Stickstoff, und einem unbedeutenden Theile Kohlenstoff ($\frac{1}{5}$ Sauerstoff, $\frac{4}{5}$ Stickstoff, $\frac{1}{1000}$ Kohlensäure). Merkwürdig ist es, daß nach vielfältigen Versuchen, die der atmosphärischen Luft beigemengte Quantität von Sauerstoff, auf allen Höhen, und unter allen Umständen dieselbe zu seyn scheint. Man hatte früher in der Vegetation, das große Mittel gesucht und zu finden geglaubt, um den ungeheuren Verbrauch von Sauerstoff durch Athmen und Ver- | brennen einigermaßen durch diesen Er- [25r]
satz zu erklären. Nach den Versuchen des jüngeren de Saussure mögte diese Hypothese wohl als unhaltbar zu verlassen seyn.

Der Einfluß einer, durch den verminderten Luftdruck

verdünnten Luft, auf unsere Organisation, ist auch von den roheren Völkern nicht unbemerkt geblieben. Die Indier pflegen sogar die Luft auf sehr hohen Bergen, mit dem Ausdruck giftig zu bezeichnen. Der geringere Druck bewirkt eine Ausdehnung der Gefäße, welche die feineren oft zerreißen macht, so daß Blut der Nase, den Augen und den Ohren entfließt. Bei jüngeren Personen findet diese Erscheinung früher und häufiger statt, und ich erinnere mich, daß unter meinen Begleitern auf die Höhen der Anden, fast ein jeder die bestimmte Barometerhöhe kannte, unter der für ihn diese lästige Ergießung statt fand. Man gewöhnt sich jedoch an diese Erscheinung, die nicht so bedenklicher Art ist, als man glauben mögte.

Auf dem Gipfel des Antisana, 1200′ höher als der Pic von Teneriffa, weiden Tausende von Stieren, auf die mit Hunden Jagd gemacht zu werden pflegt. Sehr häufig ist, daß den geängsteten Stieren ein Blutstrom aus dem Maule entstürzt, als Folge des Andrangs, den die Muskelbewegung in der dünnen Luft so sehr vermehrt.

Eine andere Empfindung, welche auf diesen Höhen erregt wird, hat Aehnlichkeit mit den Gefühlen welche das Meer hervorzubringen pflegt, und Uebelkeit, so wie Erbrechen mit sich führt. – Auf den Hochebenen von Quito und Peru, wo selbst Frauen zu Pferde oft Reisen über Höhen un-
[25v] ternehmen, welche | die des Montblanc weit übertreffen, kennt man dies Uebel unter dem Namen: mal de montagnas, wie man ein mal de mer hat. Es ist aber keinesweges Mangel an Lebensluft, wodurch diese Erscheinung hervorgebracht wird, sondern allein Folge der Verdünnung der

Luft, von der bei jedem Einathmen eine geringere Menge den Lungen zugeführt wird. – Auffallend ist aber die Art der Einwirkung auf das gastrische System.

Da der Luftkreis überall in Berührung mit Wasser und Wasserhaltigen Körpern ist, die Verdunstung aber bei keiner Temperatur aufhört, so muß jederzeit in der Luft Wasserdunst enthalten seyn, und wir erkennen daher das Wassergas als einen 4ten Gemengtheil der uns umgebenden Luft. Wie groß nun die Quantität der beigemengten Feuchtigkeit sey, ist offenbar ein Gegenstand von großer Wichtigkeit, hauptsächlich für die Meteorologie, und die Naturforscher haben schon längst auf Mittel gedacht diesen Wassergehalt zu erforschen. Man hat zu diesem Zwecke vielerlei Instrumente erdacht, die man Hygroscope oder Hygrometer nennt. Man bedient sich Behufs dieser Werkzeuge solcher Körper, welche eine ausgezeichnete Verwandschaft zur Feuchtigkeit haben, und durch Veränderung ihres Gewichts, ihres Volumens, oder ihrer Gestalt diese Feuchtigkeit anzeigen. Hierzu gehören besonders die trocknen Stoffe, die aus der organischen Natur abstammen, zum Beispiel trocknes Holz, Grannen der Gräser, Haut, Haare, Fischbein u. s. w. – Die altern Werkzeuge der Art sind aber nichts, als sehr mangelhafte Hygroscope, und überhaupt sind die Hygrometer sehr unvollkomme Instrumente, wenn man von ihnen die Anga-|be [26r]
der absoluten oder relativen Menge des in der Atmosphäre enthaltenen Wassers erwartet. – In neuerer Zeit hat Dalton, ein sehr sinnreiches Mittel zu Bestimmung des Wassergehalts der Luft angegeben, und denjenigen Punkt als Norm vorgeschlagen, in dem ein kalter Körper in der Luft

sich mit einem Thau von Wasser zu überziehen, (anzulaufen, zu beschlagen) anfängt. Zur bequemeren Ausführung dieser Idee, hat ein anderer englischer Naturforscher Daniell 1818 ein eignes zweckmäßig eingerichtetes Instrument erdacht, welches in höherem Grade als die früher erfundenen, den Namen eines Hygrometers verdient, und zu genauen Messungen sehr geeignet ist.

Mit diesen Betrachtungen stehen in Verbindung die Beobachtungen, welche man gemacht hat, über die Quantität des Regens, welcher in den verschiedenen Zonen fällt. Man hat berechnet, daß unter den Tropen jährlich 120 Zoll Regen fallen; bei uns nur 15 Zoll, und im südlichen England wo es im Verhältniß viel regnet 30-35 Zoll.

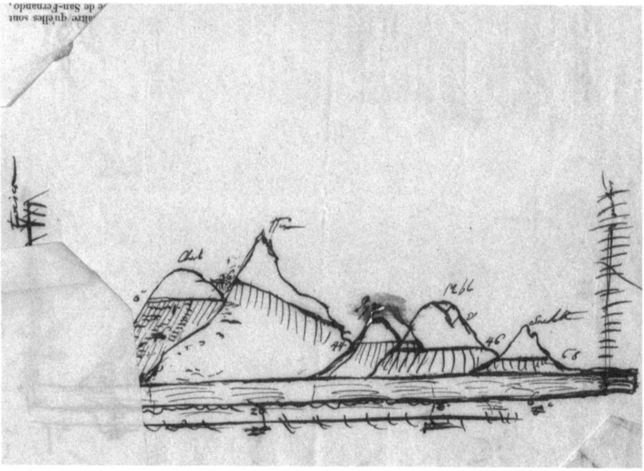

Abb. 14: Alexander von Humboldt: Bergprofil (ca. 1825-27).

Die Skizze stellt fünf der höchsten Berggipfel aus verschiedenen Klimazonen der Erde vergleichend nebeneinander, die geographisch tatsächlich sehr viel weiter entfernt sind. (Vgl. dazu z. B. Schneider 2018, S. 157f.)

7. VORTRAG,
24. Januar 1828

2. Wasser. –

luftfreies Wasser. – Respiration der Fische. – Schwim̄blase derselben. – Luftreisen. – isotherme Linien. – Schneegränze. – Veränderung der Temperatur durch Wasser. – Abnahme der Temperatur in der Tiefe des Meeres. – Strömungen des Meeres. – Temperatur der verschiedenen Meere. – Wellenschlag. – Messungen desselben. – Steigen und Fallen des Meeresspiegels. –

Wenn bei der Betrachtung des Naturbildes, welches ich aufzustellen versuche, wir uns heute mit einer Ansicht des Oceans beschäftigt haben werden, wenn ich die Vertheilung der Continente, und den Einfluß derselben, so wie den der Strömungen im Luftmeere, auf die Klimatologie erläutert habe, so bleibt mir noch übrig auf die Geographie der Pflanzen, und die Vertheilung der Thiere hinzudeuten, um hieran die Bemerkungen über die Verschiedenheit der Menschenracen anzuschließen. – Von den äußersten Nebelflecken bis zur ersten Spur der Vegetation, die in dem sogenannten rothen Schnee | erkannt worden ist, werde ich somit eine Uebersicht [26v] der Gesammtheit des Geschaffenen gegeben haben; eine Aufgabe, die mit einiger Vollständigkeit zu lösen, in so kurzer Zeit, meine Absicht unmöglich seyn konnte.

Den allgemeinen Umriß jener großen Erscheinungen werde ich hierauf in einzelnen Theilen mehr auszumalen und zu erläutern versuchen, gleichsam wie der bildende Künstler auf einzelne Studien zu einem größeren Werke mehr Ausführlichkeit und Genauigkeit wendet. – Mein Zweck wird erreicht seyn, wenn es mir gelungen ist, einer achtbaren Versammlung, deren Interresse für meine Bestrebungen ein ehrendes Zeugniß ablegt, für den Standpunkt der Kultur in dieser Hauptstadt, das Wesentliche einer wissenschaftlichen Naturbetrachtung anzudeuten, indem ich die Einheit der Natur in ihren Erscheinungen vorzugsweise hervorzuheben mich bemühe.

Mehr als $\frac{2}{3}$ der Oberfläche unseres Planeten wird von einer Wasserhülle bedeckt, die durch Berührung mit der Atmosphäre den wichtigsten Einfluß ausübt sowohl auf das Klima der Continental-Massen, als auch auf die thierische Schöpfung. – Man hatte früher angenommen, daß die Lebensfunction der Fische erhalten werde durch eine Zersetzung des Wassers. Dies ist jedoch nicht richtig, und es hat sich ergeben, daß sowohl die Fische, als die mit Kiemen begabten Mollusken, die dem Wasser beigemischte atmosphärische Luft athmen. – Die Untersuchungen über die Respiration der Fische, sind lange ein Gegenstand meiner Arbeiten gewesen, und ich habe gefunden, daß die Fische der atmosphärischen Luft zum Leben unumgänglich bedürfen. Es klingt auffallend, und doch ist es richtig, daß, nachdem es
[27r] mir gelungen | war, ein vollkommen luftleeres Wasser darzustellen, die Fische darin ersaufen mußten. Das luftfreie Wasser ist für sie eben so tödtend als Chlor, und andere ihrer Natur entgegen wirkende Substanzen. Lange hat man dem wunderbaren Organ der Fische, der Schwimmblase, eine Bedeutung beigelegt, mit der neuere Untersuchungen nicht übereinstimmen. Man hatte angenommen, daß durch vermehrtes und vermindertes Anfüllen der Blase mit Luft, die Fische im Stande wären ihr Volumen zu verändern, und somit im Wasser sich willkührlich auf und nieder zu bewegen. Man ist jetzt vielmehr geneigt die Schwimmblase im Zusammenhang mit dem Gehörorgan dieser Thiere zu glauben. – Eine neue sehr merkwürdige Beobachtung lehrt, daß die Schwimmblase derjenigen Fische welche an der Oberfläche des Wassers gefangen werden, Stickstoffgas enthält,

dagegen bei Fischen welche man aus einer Tiefe von 2-3000 Fuß heraufholte, der Inhalt aus reinem Sauerstoff besteht. – Eine noch keinesweges erklärte, merkwürdige Thatsache! – Wenn zur Zeit des Aristoteles und Aelian, als man sich schon angelegentlich mit Untersuchungen über die Respiration der Fische beschäftigte, die zufällige Annäherung eines Lichtes, oder ein anderer Umstand, auf die ausgezeichneten Eigenschaften dieser, in der Schwimmblase enthaltenen, Gasart aufmerksam gemacht hätte, so würden nicht 1800 Jahre haben vergehen müssen, ehe durch die Entdekkung des oxigène, dieses verbreiteten, für den Haushalt der Natur so wichtigen Grundstoffs, der Wissenschaft so bedeutender Vortheil erwachsen konnte.

Seit dem Jahre 1782 haben die Menschen angefangen, das, die Oberfläche der | Erde, und den Ocean umgebende Luft- [27v]
meer selbst zu beschiffen. Man hatte sich von dieser Entdeckung sehr große Vortheile, hauptsächlich für die Meteorologie versprochen, die aber dieser Wissenschaft nicht in dem erwarteten Grade zugeflossen sind. Der Versuch ist mit zu vielen Schwierigkeiten verbunden, ist zu kostbar, und die Zeit welche man in den höhern Regionen zubringen kann, ist zu kurz um mit Muße und Umsicht Beobachtungen zu machen, die flüchtig unternommen eher zu unsichern Resultaten führen, indem man auf Zufälligkeiten ein zu großes Gewicht legt. Dazu kommt noch, daß man diese Luftreisen sämtlich von Ebnen aus unternommen, und sich auf diese Weise kaum so hoch in den Luftkreis aufgeschwungen hat, als man auf hohen Bergen zu gelangen im Stande ist. – Die bedeutendste, und auch für die Wissenschaft

wichtigste Ascension ist die von Gay-Lussac im Jahre 1804 zu Paris unternommene. Er gelangte bis zu der Höhe von 21,600′, 4000 Fuß niedriger als der weiße Berg, der Dhawallagiri des Himalaya Gebirges. Die Luft welche er mit herabbrachte, und die ich gemeinschaftlich mit ihm untersucht habe, gab durch ihre ungemeine Dilatation einen Beweis der Höhe aus der sie entnommen war, enthielt übrigens alle Bestandtheile der uns umgebenden, dieselben 21 Theile Sauerstoff, und selbst einen Antheil Kohlensäure, obgleich diese Gasart die hauptsächlich durch das Athmen und Verbrennen entwickelt wird, schwerer ist als die atmosphärische Luft. – In der weiten Einöde jener Höhen sind die letzten lebenden Wesen, denen wir begegnen – Schmetterlinge; wahrscheinlich unwillkürlich durch Luftströme in diese Regionen geführt. Ramond hat auf dem Gipfel der Pyre-
[28r] näen, | Saussure auf den Alpen, und auch ich habe auf den Höhen der Anden, 20,000 Fuß über dem Meere, wo längst jede Spur von Vegetation aufhörte, diese und andere kleine Insekten ebenfalls angetroffen.

Wenn je die freiere Kultur des menschlichen Geistes, wie man es gegenwärtig erwarten darf, einen ihrer Hauptsitze in dem jetzt emancipirten spanischen Amerika aufschlägt, so wird es von der größten Wichtigkeit seyn von jenen Hochebnen aus (Potusi 12,000 Fuß hoch) neue Ascensionen zu versuchen, und besonders durch kleine Aerostaten elektrische Beobachtungen zu unterstützen, um dadurch der noch immer geheimnisvollen Erscheinung der Gewitter näher zu kommen, in deren Erklärung wir so wenig vorgerückt sind. – Kein Theil der Welt eignet sich durch seinen wundersamen Bau so sehr für meteorologische Beobachtungen, als jenes plateau, auf dem sich Städte finden 600 toisen über dem Meere, und andere 12,000 Fuß.

Die Veränderlichkeit der Schneegrenze, die von so großer Wichtigkeit für die Klimatologie ist, hat mich auf das System der isothermen Linien geführt, welche die Parallel-Kreise unter mannigfaltigen Winkeln durchkreuzen. Sie steigen gegen den Aequator herab, weil man im östlichen Theile von Asien, und im östlichen Theile von Nordamerika, auf gleichen Höhen über dem Meeresspiegel, in einer südlicheren Breite die Temperatur suchen muß, welche in unserm mittlern Europa, weiter gegen Norden hinauf gefunden wird. – Unter denselben Breiten-Graden, wo in dem nördlichen Europa noch Garten- und Ackerbau getrieben werden, zeigen sich in Nord-Amerika und Nord-Asien nur sumpfige, moosbedeckte Länder. | Dagegen äußert die kräftige Wärme- [28v]
Strahlung der Hochebne von Inner-Asien, zwischen den fast parallelen Gebirgsketten des Himalaya, des Cunglings, und des Himmelsgebirges, den glücklichsten Einfluß auf die Bevölkerung. Die ewige Schneegrenze liegt am nördlichen Abhange des Himalaya 4000 Fuß höher, als am südlichen Abhange. Millionen von Menschen, Thibetanischer Abkunft, bewohnen volkreiche Städte, da, wo bei minderer Ausdehnung und minderer Continuität der Hochebnen, Felder und Städte das ganze Jahr hindurch in tiefem Schnee vergraben seyn würden.

Allgemein bekannt ist der Einfluß welchen die Wasserhülle unseres Planeten auf das Klima der Kontinental-Massen ausübt. Wasser von den Sonnenstrahlen getroffen er-

wärmt sich nach andern Gesetzen, als die feste Erdrinde. Durch Strahlung erkältet und verdichtet, sinken die Wassertheilchen zu Boden, erregen Strömungen und ungleiche Vertheilung der Temperatur. Durch thermoscopische Apparate hat man die Schnelligkeit der Wärmeabnahme bestimmt, welche von oben nach unten in dem Ocean, und in Süßwasserseen, zu verschiedenen Jahreszeiten statt findet. Wie an den Abhängen der Andeskette, der Anwohner sein Haus nur um eine Meile zu versetzen braucht, wenn er eines andern Klima's genießen will: so auch finden die Geschöpfe, welchen das tropfbare Element zum Aufenthalte dient, die heterogensten Klimate schichtenweis übereinander gelagert. In der Tiefe des Oceans, unter dem Aequator, wie in den Alpenseen der gemäßigten Zone, herscht aber fortwährend ein bestimmter Kälte-Grad, bei welchem das Wasser seine größte Dichtigkeit erlangt. – (Wenn das Was-
[29r] ser | nämlich durch Erkältung bis auf $+3\frac{1}{2}°$ Reaum. gesunken ist, so hat es hier das maximum seiner Verdichtung erreicht; +2° vor dem Gefrieren fängt es an sich von neuem auszudehnen.)

Unter den Tropen, wo die Luft sich niemals unter 15-16° R. erkältet, können erklärlicher Weise nur Wassertheile der Art in die Tiefe des Meeres herabsinken. Eine Temperatur von 3-4° kann daher nicht in der Zone selbst erzeugt worden seyn, und dient zum unumstößlichen Beweis, daß die Kälte welche dort nahe am Meeresboden herscht, von einer Strömung herrührt, die in den Tiefen des Oceans sich von den Polen zu dem Aequator richtet, und die unteren Wasserschichten der südlichen Meere erkältet, wie in der Atmosphäre der obere Luftstrom, der sich vom Aequator gegen die Pole ergießt, die Winterkälte der nördlichen Länder mildert. – Sandbänke werden, wie Benjamin Franklin zuerst gelehrt hat, früher durch das Thermometer, als durch das Senkblei erkañt. Es sind submarine Insel-Theile des Meerbodens, welche die elastischen Kräfte nicht über den Meeresspiegel erheben konnten. Auf dem Abhange der Untiefen (the edge of the banks) durch Stoß ansteigend, mischen sich die unteren kälteren Wasserschichten, mit den oberen wärmeren. So verräth dem Schiffer auf 4-5 Meilen Entfernung, plötzliche Meereskälte die herannahende Gefahr. Durch ihre Temperatur wirken die Untiefen auf die darüber stehende Luft, in der sie Nebel, und weit gesehene Gruppen von Wolken erzeugen.

Wie die Strömungen des Luftmeers, durch die veränderte Stellung | der Sonne, und durch die Richtung der Bergketten, [29v]
an deren Abhange sie herabgleiten, vielfach modificirt werden, so führen auch die Strömungen des tropfbaren Oceans, die wärmeren Wasser niedriger Breiten-Grade in die temperirte Zone. Ich erinnere hier nur an den Golphstrom, der, die von den Passatwinden immer gleichförmig bewegten Wasser des atlantischen Meeres gegen den vorstehenden Damm der Landenge von Nicaragua treibt, sich gegen Guatimala und Yucatan nördlich wendend, in dem Meerbusen von Mexico wirbelnd umhertreibt, durch den Kanal von Bahama ausfließt, als ein Strom warmen Wassers erst nordöstlich gegen die Bank von New-Foundland, dann südöstlich gegen die Gruppe der Azoren sich hinbewegt, und vom Nordwinde begünstigt, Palmenfrüchte der Antillen, ja selbst

lebendige Esquimaux aus Ostgrönland mit ihren ledernen Boten nach Irland, oder nach den Hebriden führt.

Diese erwärmten Aequatorialwasser erkälten sich so langsam, daß noch in der Nähe von New-Foundland der Strom durch eine 3-4° höhere Temperatur sich auszeichnet, und daß selbst fliegende Fische, die nur in wärmeren Zonen existiren, mit den erwärmten Gewässern heraufkommen.

Wie nun hier von Süden her Wasser im atlantischen Ocean nördlich geführt wird, so habe ich in dem Stillen Meere, und zwar in der südlichen Hemisphäre, einen Strom erkannt, der längs dem Littoral von Chili und Peru kälteres Wasser hoher Breiten unter die Wendekreise führt. In diesem Strome habe ich bei dem Hafen Callao das Thermometer bis auf 12°,4 sinken sehen, während außerhalb der Strömung bei
[30r] | dem Vorgebirge Pariña, das ruhige Meer, wie gewöhnlich unter solchen Breiten, die große Wärme von 21-22° zeigte. Ein junger kenntnißreicher dänischer Seeofficier Dirkink von Holmfeldt, hat im Jahre 1825 auf meine Bitte dieses sonderbare, so lange unbeachtete Phänomen von neuem untersucht, und meine Beobachtung durch sorgfältigen Vergleich bestätigt.

Abgesehen von diesen Strömungen, habe ich die Temperatur des Atlantischen Oceans, (außerhalb des Golphstroms) zwischen dem 40 und 50° der Breite (die Breiten von Spanien, Frankreich, Deutschland) einer besondern Untersuchung werth gehalten. Ich habe gefunden, daß im Monat Januar das Meerwasser im 40° Br. nicht unter 10°,7; im 45° Br. nicht unter 9°,8 herabsinkt. In 50° Br. also in der Zone des nördlichen Deutschlands findet eine Wintertemperatur des Meerwassers statt, welche die Luftschichten selbst in dem glücklichen Klima von Marseille nicht erreichen.

Die Temperatur des Oceans begründet hauptsächlich den Unterschied der Klimate an den Ost- und Westküsten desselben Continents, nach dem Vorherschen der Westwinde in den gemäßigten und kalten Himmelsstrichen. Westliche Winde führen nämlich zu westlichen Küsten Luftschichten herbei, die sich im strengsten Winter in Berührung mit der großen oceanischen Wasserfläche erwärmt haben.

Verändert wird die Temperatur des Oceans temporair durch den Wellenschlag, der wie bei den Sandbänken, eine Vermischung der Wasserschichten, und ein Heraufwühlen der kälteren, tieferen veranlaßt, wes- | halb denn auch, was [30v] man früher läugnete, die Temperatur bei einem Sturme abnimmt. Es ist oft die Rede davon gewesen, sowohl die Höhe als die Tiefe der Wellen bei einem großen Sturme zu messen, und man hat in dieser Absicht mannigfaltige Versuche angestellt, die aber weder auf der Ostsee, noch dem Mittelmeere ein Resultat geben können, da nur auf einem Meere von großer Ausdehnung, die Convexität und das Thal der Wellen eine vollkomne Entwickelung finden kann. Ebenfalls dürfen diese Messungen nicht in der Nähe der Küsten angestellt werden, wo die Wellen gegen felsige Ufer sich stauend, ungewöhnlich anschwellen. Bei der Corunna, an der cantabrischen Küste, wird das Meer oft bis zu der Höhe von 80′ aufgewühlt; doch darf man dies nicht mit dem eigentlichen Wellenschlage verwechseln. – Ich habe Gelegenheit gehabt diese Messungen anzustellen auf der Südsee, westlich von Guatimala, während eines Sturmes, der nach Aussage der Seeleute zu den heftigsten gehörte, die vorkommen können, und der wunderbarer Weise bei hellem Sonnenscheine statt fand. An der Außenseite des Schiffes festgebunden, nahm ich mit einem Octanten die Sonnenhöhe auf dem Gipfel der Welle, und in ihrer Tiefe, und berechnete danach, mit einer Sicherheit die nicht über 10-12 Sekunden abweichen kann, die größte Höhe der Wasserwogen auf 40-50′.

Die Physikalische Lehre von den Wellen ist seit 2 Jahren durch Ernst und Wilhelm Weber, Profeßoren in Halle und Leipzig mit einer Gründlichkeit bearbeitet worden, daß weder England noch Frankreich über diesen Gegenstand ein Werk von ähnlicher Wichtigkeit, wie diese Wellenlehre aufzuweisen [31r] | hat. Der eine der Brüder, der zu einem andern Zweck eine Portion Quecksilber gereinigt hatte, machte an dieser Masse zuerst die Bemerkung, daß sie wellenförmig bewegt, Figuren, den Chladnischen Klangfiguren ähnlich, hervorbringe. An diese Beobachtung schloß sich eine ausführliche, mit seltner Genauigkeit durchgeführte Reihe von Forschungen über die wellenförmige Bewegung der Flüssigkeiten überhaupt, deren Resultate sowohl auf die akustischen, als Lichterscheinungen angewendet worden sind, bei denen ebenfalls eine undulatorische Bewegung statt findet.

Es ist häufig die Frage aufgeworfen worden, ob das Gleichgewicht der Oberfläche des Oceans durch Strömung und Verdampfung sich verändern könne, und ob ein allgemeines Steigen oder Sinken des Spiegels der Meere seit der historischen Zeit wahrzunehmen sey? Die verschiedenartigsten

Ansichten haben in dem Ergebniß mannigfaltiger Untersuchungen ihre Begründung gefunden, indem nur zu häufig auf locale Erscheinungen zu allgemeine Schlüsse basirt worden sind. Ein merkwürdiges Vorkommen, das zu mancherlei Vermuthungen über Veränderung des Wasserstandes im Mittelländischen Meere Veranlaßung gegeben hat, sind die bekannten Trümmer des Jupiters Tempels bei Puzzuolo. Von diesen stehen noch einige aus Cippolino antico gehauene Säulen senkrecht da. Der untere Theil dieser Säulen, von dem 15 Fuß über der Meeresfläche gelegenen Boden an, bis zu einer Höhe von 12 Fuß ist rings um dieselben voll von kleinen Höhlungen, wie diejenigen sind, welche die Pholaden (Mytilus lithophagus) in die Uferfelsen bohren. Höher hinauf sind die Säulen frei von solchen Höh-|lungen. Aus die- [31v]
ser Erscheinung hat man den Schluß ziehen wollen, daß nach Erbauung des Tempels auf trocknem Boden, der Meeresspiegel sich so weit erhöht haben müsse, als die Höhlungen in der Höhe der Säulen reichen, weil die Bohrmuscheln nur unter dem Wasser leben und arbeiten, und daß das Meer sich seitdem wieder so tief gesenkt haben müsse, um die Säulen des Tempels und den Boden desselben auf dem Trocknen erscheinen zu lassen. – Aber das Meer könnte unmöglich diese Höhe erreicht haben, ohne gleichzeitig die gegenüberliegenden und benachbarten Küsten zu überströmen, und dergleichen Annahmen beruhen auf eben so falschen Ideen, als die Meinung: es sey Amerika später aus der allgemeinen Wasserbedeckung hervorgetreten, als die übrigen Welttheile. Das Meer kann die unermeßlichen Ebnen am Orinoco und Amazonen-Fluß nicht dauernd überschwem-

men, ohne zugleich unsere baltischen Länder zu verwüsten, und es ist nichts gewisser, als daß das hydrostatische niveau des Meeres, zu keiner Zeit sich partiell verändern konnte.

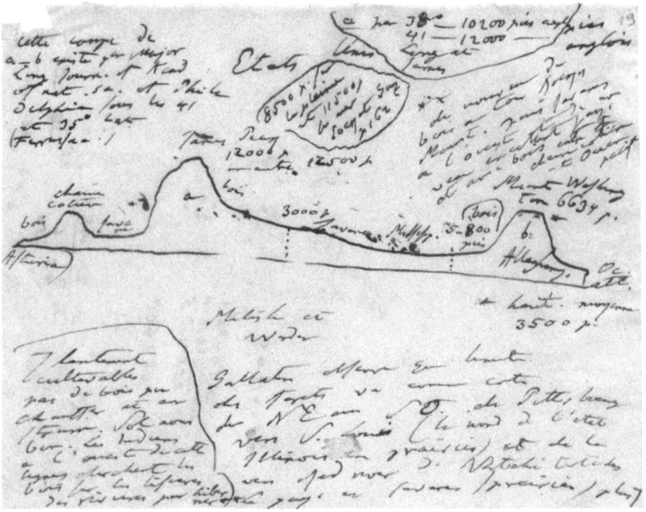

Abb. 15: Alexander von Humboldt: Höhenprofil Nordamerikas mit pflanzengeographischen Notizen (um 1825).

Siehe hierzu auch den von Ulrich Päßler herausgegebenen Themenschwerpunkt »Pflanzengeographie und Biowissenschaften« der *edition humboldt digital*, http://edition-humboldt.de/X0000002.

8. VORTRAG,
31. Januar 1828

Vertheilung der Wärme auf der Erde. – Einfluß der Bildung der Continente auf die Temperatur unter gleichen Breitegraden. – Temperatur des Körpers von Menschen und Thieren. – Flexibilität des menschlichen Körpers. –

IV. Geographie der Pflanzen. –

Geographische Verbreitung der Pflanzen. – Erstes Aufkeimen der organischen Materie. – die größten Pflanzenformen. – Zahl der Spezies.

Die Vertheilung der Wärme auf dem Erdkörper begründet das Problem der Klimatologie. Mit Unrecht hat man früher die Modificationen der Temperatur, bald schützenden Bergzügen, bald der Erhöhung der Erdoberfläche, bald der Wirkung periodischer Windströme zugeschrieben. Die merkwürdigen Abweichungen der Klimate, welche man in großen Länderstrecken zwischen denselben Breitengraden, und in derselben Höhe über dem Meeresspiegel wahrnimmt, rühren offenbar nicht her von dem kleinlichen Einflusse individueller Oertlichkeiten, sondern von ausgedehnteren tellurischen Verhältnissen; sie sind all-|gemeinen Gesetzen [32r] unterworfen, welche durch die Gestalt der Continental-Massen, durch ihre Umrisse, den Zustand ihrer Oberfläche, besonders aber durch ihre Stellungs- und Größen-Verhältnisse zu den benachbarten Meeren bestimmt sind. –

Herr Profeßor Carl Ritter, hat in seinem vortrefflichen Werke: der allgemeinen vergleichenden Geographie sehr genügend dargethan wie die Natur der Oberfläche in der innigsten Verbindung steht, nicht nur mit der räumlichen Verschiedenheit der Producte, mit dem Ackerbau und dem Handelsverkehr der Völker, sondern auch mit ihrem ganzen moralischen und politischen Zustande. Wie nun die Bildung der Continente entschieden einwirkt auf die Kultur, so auch ist der Einfluß auf das Klima unverkennbar.

Unser Europa verdankt sein milderes Klima seiner Position gegen das nahe Meer, und seiner gegliederten Gestaltung. Europa ist der westlichste Theil des alten Continents, und hat also den großen, kältemindernden Atlantischen Ocean im Westen. Zwischen den Meridianen, in denen Europa sich hinstreckt, fällt die Aequatorial-Zone nicht in das Becken des Oceans, wie südlich von dem, eben deshalb kälteren Asien. Das sandbedeckte Afrika ist so gelegen, daß Europa von den Luftschichten erwärmt wird, welche über Afrika aufsteigend, sich von dem Aequator gegen den Nordpol ergießen. Auch erstreckt dieser Welttheil sich weit weniger gegen den Nordpol, und liegt überdies dem größten Busen eisfreien Meerwassers gegenüber, den man in der ganzen Polar-Zone kennt.

Auffallend bemerkbar ist, abgesehen von den Breite-Gra-
[32v] den das Klima | des westlichen und östlichen Europa. Die milde Temperatur des glücklichen Italien, des vieleingeschnittenen Griechenlandes, verändert sich, wird kälter und kälter, je weiter gegen Osten der minder getheilte Kontinent sich dem compacteren Asien nähert, das da, wo es nicht gewissermaßen durch Flüsse aufgeschlossen ist, auf seinen weiten Steppen auch der Kulturverbreitung hemmende Gränzen gesetzt hat.

Zu interressanten Bemerkungen veranlaßen die Beobachtungen über die Flexibilität der menschlichen Organisation, welche die verschiedenartigsten klimatischen Verhältnisse zu ertragen fähig ist. – Fröhliche Esquimaux leben unter den Polarkreisen in niedrigen Erdhütten, deren Fenster aus Eis bestehen, und verfolgen Stundenlang ihre Beschäftigungen im Freien, bei einer Temperatur von $-\frac{0}{40^\circ}$. Captain Parry hat mit eigens dazu vorgerichteten Alkoholthermometern,

Monate lang hintereinander, in der Nähe der Hudson's und Baffin's Bay diesen Grad der Kälte beobachtet, und aus seinen mündlichen Mittheilungen weiß ich, daß in mäßig warmer Bekleidung, er sowohl als seine Begleiter bei $-\frac{0}{37^\circ}$ Kälte sich im Freien, ohne Unbequemlichkeit bewegen konnten, freilich aber nur wenn nicht durch Winde stets neue erkältende Luftschichten herbeigeführt wurden. – Welch ein Kontrast von diesen eisigen Klimaten, bis zum rothen Meere, an dessen Ufern die Nähe eines dürren Continents wohl beinahe die höchste Temperatur hervorbringt, welche man beobachtet hat. Capt. Tuckey, derselbe welcher die Mündung des Niger erforschte, fand am rothen Meere den Stand des Thermometers nicht unter $+\frac{28^\circ}{0}$, und um 2 Uhr Nachmittags im Schatten stets $+\frac{32^\circ}{0}$. – Zu Murzuk in der Oasis | von [33r]
Fezzan, fanden, mein unglücklicher Freund Ritchie und Lyon, (welcher nachmals den Capt. Parry auf einer Nordpol-Expedition begleitete) eine Temperatur von $+\frac{38^\circ}{0}$ bis $\frac{43^\circ}{0}$. Man kann sich auf die Genauigkeit dieser Angabe verlassen, da Ritchie sehr wohl zu beobachten verstand, und mit Instrumenten versehen war, welche Arago, Gay-Lussac und ich, mit großer Vorsicht hatten arbeiten lassen. Jedoch kann man nicht annehmen, daß diese Temperatur die der eigentlichen Luftwärme gewesen sey: vielmehr muß man sie dem in der Luft schwebenden wärmestrahlenden Sande zuschreiben, dessen erhitzte Theile sich gegenseitig anstrahlend, wie auf das Auge des Menschen, so auch auf die Kugel des Thermometers wirken, und eine Wärme hervorbringen, welche theils der Luft, theils dieser Ausstrahlung zuzuschreiben ist.

Als eine Folge der Lebensfunction bewahrt aber in sich

der Mensch eine andere Quelle der Wärme, die in den verschiedenartigsten Verhältnissen sich stätig erweist. Die innere Temperatur des Menschen, die Wärme seines Blutes beträgt $+\frac{30^\circ}{0}$ R. mit einer Abweichung, die bei veränderten Umständen nicht über $\frac{1}{2}$–$\frac{3}{4}$° beträgt. John Davy, der Bruder des berühmteren Sir Humphy Davy, hat auf seiner Reise nach Zeilon die mannigfaltigsten Beobachtungen in dieser Hinsicht angestellt, und bei den verschiedenen indischen Kasten war die Blutwärme gleich groß, sie mochten sich nun bloß von Pflanzen, oder nur von Fleisch ernähren. Selbst im pathologischen Zustande, während der größten Fieberhitze, hat man die Kugel des Thermometers unter der Zungenwurzel, kaum um 3-4° R. variiren sehen. Auch ist die Blutwärme aller Säugethiere, der Löwen, Panther etc. der des
[33v] Menschen sehr | ähnlich, und auch die Vögel, denen man sonst ein viel heißeres Blut zuschrieb, weichen nur um 4-5° höhere Temperatur davon ab. (Auffallend ist die Bemerkung, daß die Tauben ein um 2-3° wärmeres Blut haben, als die Papagaien.)

Auch die übermäßigsten Grade der künstlichen Wärme denen einzelne Menschen sich Versuchsweise ausgesetzt, haben keine sehr merkliche Veränderung hervorgebracht. Als Fordyce, Banks und Solander sich einer Hitze aussetzten, bei der Eier in wenig Minuten gar gesotten wurden, und die ihren Puls auf 144 Schläge in einer Minute steigerte, hatte ihre thierische Wärme nicht um $\frac{1}{2}$° zugenommen. Dieselben Gelehrten wiederholten später diese Versuche in Gemeinschaft mit Capt. Phipps dem nachmaligen Lord Mulgrave, der in der Folge eine Reise gegen den Nordpol machte, und steigerten durch heiße Wasserdämpfe die Hitze in einem Zimmer, bis auf 102$\frac{1}{2}$° R. Das Wasser siedete, Fleisch kochte, und ihre Uhrketten glühten, und sie selbst waren doch im Stande, in hölzernen Schuhen, diese Temperatur 10 Minuten zu ertragen. – Ganz unmöglich würde es aber seyn ähnliche Versuche in tropfbaren Flüssigkeiten anzustellen, weil in ihnen die schützende Ausdünstung wegfiele, und durch ihre Schwere die Flüssigkeiten in die Poren eindringen müßten, um die feinsten Spitzen der Nerven sehr schmerzhaft zu afficiren. Man hat neuere sehr genaue Versuche darüber angestellt, welchen Grad der Hitze Wasser haben könne, um ohne sich zu verbrennen die Hand hineinzutauchen. 40$\frac{1}{2}$° R. ist für diesen Punkt erkannt worden, der unter verschiedenen Abweichungen, keine Abweichung von 2° zuläßt. – In Murzuk athmet man also eine Luft welche diese Temperatur übersteigt, | und überhaupt [34r] ist es auffallend, daß die Reizbarkeit der Theile des Halses minder groß seyn muß, indem es Menschen giebt, welche Kaffe trinken können, der bis auf 45° R. heiß ist.

Diese Flexibilität gegen die verschiedenen Grade der Wärme, ist aber den Menschen nicht allein eigen; auch Thiere theilen dieselbe, wenn auch nicht in demselben Maaße, wie Hunde und Pferde davon ein Beispiel geben. Bei allen Racen der Menschen ist sich diese Biegsamkeit aber keinesweges gleich, und es scheint fast, als wenn sie mit der Kultur zunehmend wäre. Es ist gefährlich für die Eingebohrnen Amerika's sich, an den Bergen aufsteigend, einer Klimaverschiedenheit auszusetzen, die für einen Weißen ganz unschädlich ist. Die menschlichen Leyes de los Indios verbieten daher ganz ausdrücklich, die Indier durch gewisse Thäler zu schikken. Aber freilich sind diese Thäler auch von einer Tiefe, daß der Pic von Teneriffa darin stehen könnte, ohne sie auszufüllen. Eine der größten Schwierigkeiten welche sich den Missionen entgegensetzt ist die unbegreifliche Sterblichkeit welche in den neuen Ansiedelungen einzureißen pflegt, wenn die Eingebohrnen aus ihren dichten Waldungen hervorgehend, zuerst den Sonnenstrahlen einer baumlosen Steppe ausgesetzt werden.

Wir gehen nun zur Betrachtung der organischen Theile unseres Erdbodens über. Alle Erscheinungen welche die Atmosphäre und der Ocean uns erkennen ließen, waren gewaltsam und stürmisch, in ihrem Wechsel anscheinend keinem Gesetze unterworfen. Im Bereiche der organischen Entwickelung entdecken wir Gesetze und Regeln; die Welt der Pflanzen insbesondere enthüllt das stille innere Treiben
[34v] der Natur, die seit Jahrhun- | derten dieselben Organe entfaltet, und noch keinen Frühling ohne Blumen ließ.

Die geographische Verbreitung der Pflanzen ist abhängig von den Klimaten. So auch hat der Druck der Atmosphäre einen auffallenden Einfluß auf die Gestalt und das Leben der Gewächse. Dies Leben ist gleichsam nach außen gerichtet. Die Pflanzen leben hauptsächlich an der Oberfläche, daher ihre Abhängigkeit von dem umgebenden Medium. – Eine Art Hautrespiration ist die wichtigste Lebensfunction der Gewächse, und diese Respiration, in so fern sie Verdampfen, Aushauchen von Flüssigkeiten ist, hängt vom Druck des Luftkreises ab. Daher sind die Alpengewächse aromatischer, daher sind sie behaarter, mit zahlreichen Ausdünstungsgefäßen bedeckt. – Nicht die größere Wärme verhindert ihr Gedeihen in den Ebnen, sondern weil die Respiration ihrer äußern Integumente durch den vermehrten Barometerdruck gestört wird, und sie den Lichtreiz entbehren, der auf den höhern Gebirgen so viel lebhafter einwirkt.

Die Vegetation der südlichen Erdhälfte, die eine pelagische, eine Wasser-Hemisphäre genannt werden kann, ist auffallend verschieden von der, der nördlichen. Die Schmalheit der gegen Süden pyramidalisch sich verengenden Continente, begründet ein wahres Insel-Klima: kühle Sommer, und milde Winter. So wachsen Palmen und Farrenkräuter dem Pole näher, wie zum Beispiel auf Van Diemens Land, das einen mit Genf correspondirenden Breite-Grad haben wird. Zur Charakteristik der Pflanzen gehört es überhaupt, daß nicht alle über den Erdball gleichmäßig vertheilt sind, sondern daß jeder Form ein bestimmter Wohnplatz angewiesen ist. Gewiße Familien könnte man nordische, andere wieder tropische nennen, wobei jedoch nicht zu verkennen ist, daß die Grän-|zen nirgend scharf gezogen, sondern sehr in einan- [35r]
der übergehend sind. – Die Andromeden, Ericeen, Amentaceen werden häufiger gegen Norden, wogegen andere Pflanzenformen abnehmen, und wie die Malvaceen, Leguminosen, mit den zahlreichen Cassien und Mimosen, die Rubiaceen, zu denen die wichtige Cinchona officinalis gehört, sich gegen den Aequator hin verbreiten. Auch in Hinsicht auf die Längengrade herscht eine große Verschiedenheit. Die Vegetation von Nordamerika hat wenig Aehnlichkeit mit der Europäischen, und einzelne Pflanzentypen, die sich bei uns in großer Menge finden, scheinen der westlichen Hemisphä-

re gänzlich zu fehlen. So habe ich unter 5-6000 untersuchten Pflanzen kaum 1-2 Formen unserer allverbreiteten Umbellaten und Cruciferen gefunden.

Unter den niedern Pflanzenformen giebt es zwar mehrere welche dem alten und neuen Continente gemeinschaftlich zukommen, wie zum Beispiel unter den Moosen sogar dieselben Species sich vorfinden. Aber schon unter den Gräsern ist dies selten der Fall, und wenn man an der Magellanischen Meerenge, den europäischen gleiche Pflanzentypen zu erkennen glaubte, so hat sich ergeben, daß es ähnliche, aber doch ganz bestimmt zu unterscheidende Species sind. – Die Rhododendraceen, welche auf der östlichen Halbkugel mit ihrem prangenden Roth die Schneegrenze der Alpen, selbst den Schneegürtel des Himalaya eben so bestimmt bezeichnen, als schmücken, finden auf dem neuen Continente einen Ersatz in den mit ähnlichem Farbenreiz leuchtenden Befarien.

Ueber das erste Aufkeimen der organischen Materie
[35v] herrscht eine | große Ungewißheit. Unendlich viel Versuche hat man gemacht über das Entstehen der sogenannten Priestleyschen Materie, der Infusorien, Oscillatorien, Lamelliten etc. und es hat noch nicht einmal bestimmt werden können, ob diese Uranfänge sich in eine vegetabilische und animalische Masse scheiden lassen, oder ob die animalische aus einer großen Anhäufung der vegetabilischen entstehe. – Wir erkennen die ersten Pflanzenanfänge in dem sogenannten rothen Schnee des Polareises, welcher aus jenen nördlichen Regionen zu uns gebracht, bei einer Temperatur von 15-16° R. in England und Frankreich ausgehalten

hat, und dessen Fortpflanzung ich selbst beobachtet habe. Es ist dies eine unendlich kleine Art von Pilzen, früher Uredo, vom großen Rob. Brown aber Tremella nivalis genannt, deren rothe Farbe von Keimkörnern herrührt, welche indem sie platzen 4-5 kleine Sporen auf dem Schnee ausstreuen. – Wie nun diese auf dem ewigen Polareise wurzeln, so vegetiren andere Pflanzenanfänge, Usneen und Conferven mitten in den heißen Quellen von 60-70° Reaumur.

Es giebt kaum einen größeren Contrast, als zwischen diesen microscopischen Gegenständen, diesen Anfängen der vegetabilen und animalen Natur, und den Riesenproducten der Tropenwelt, unter denen die Palmen Beispiele des höchsten Pflanzenwuchses gewähren. Die Wachspalme, welche wir auf dem Andesrücken zwischen Ibague und Carthago in der Montaña de Quindiu entdeckt haben, Ceraxylon andicola erreicht eine Höhe von 160-180′. Die dem Tannengeschlechte verwandte Araucaria excelsa, auf den Norfolk-Inseln ist sogar 240′ hoch, und D[r]. Douglas, welcher den Capt. Franklin | auf seiner Landreise gegen den Nordpol begleite- [36r]
te, beschreibt das Riesenexemplar des Pinus canadensis, welchen er an den Quellen des Columbia-Flusses entdeckt hat, in einer Breite die mit der von Deutschland übereinkommt, und dessen ungeheure Höhe er 260′ gemessen hat. Die einzelnen Zapfen des Baumes sind $1\frac{1}{2}$ Fuß lang, und der Durchmesser (nicht Umfang) des Stammes beträgt 15 Fuß. – Bemerkenswerth ist es, daß diese ausgezeichneten Formen den Monocotyledonen und den Zapfenbäumen angehören, welche offenbar dem Palmengeschlechte einigermaßen verwandt sind.

Beispiele einer merkwürdigen Ausdehnung in die Breite, bietet vor Allen, noch außer dem kolossalen Drachenbaume (Dracaena Draco) auf Orotava (45′ Umfang) die von Golberry gemessene Adansonia digitata (Boabab) an der Küste von Senegal. Der riesenhafte Stamm von 34 Fuß Durchmesser, bei 60′ Höhe, ist zum Theil ausgehölt, und dient zum politischen Versamlungssaal einer ganzen kleinen Völkerschaft.

Ein ähnlicher Contrast, wie im Allgemeinen die microscopische Kleinheit, und die riesenmäßige Größe einiger Gewächse darbietet, findet auch statt in Rücksicht auf die Größe und das Verhältniß der Theile. Die größte bekannte Blüthe trägt die Rafflesia, deren Blume einen Durchmesser von $3\frac{1}{2}$ Fuß hat, und deren Kronenblätter $\frac{3}{4}$ Zoll dick sind. Dr. Arnold, der Begleiter des Sir Raffles, des Gouverneurs von Bencoolen, hat diese colossale Blume, deren Gewicht 15℔ beträgt, zuerst auf Java entdeckt. Diese Blüthe gehört einer parasi-
[36v] tischen Pflanze an, welche keine Blätter | trägt, und sich um die Wurzeln der Cissus-Arten schlingt. Sie prangt mit der schönsten rothen Farbe, und hat einen wunderbar auffallenden Geruch nach gekochtem Rindfleisch. – An den schattigen Ufern des Magdalenenflusses habe ich eine rankende Aristolochia gefunden, deren Blume von 4 Fuß Umfang sich die kleinen Indianer bei ihren Spielen über die Scheitel ziehen.

Die Zahl der auf dem Erdboden verbreiteten Pflanzen ist natürlich unbekannt. Murray's Ausgabe des Linnéschen Systems enthält, die Cryptogamen mitgerechnet nur 10,000 Species. Willdenow hat bereits die Zahl von 20,000 Arten angegeben. Neuere Untersuchungen haben gezeigt, wie tief diese Schätzung der beschriebenen, und in den Herbarien aufbewahrten Arten unter der Wahrheit zurückgeblieben ist. – Das größte Herbarium auf der Welt hat Herr Lambert in England zusammengebracht, der 35,000 Species besitzt; unter diesen 30,000 Phanerogamen.

De Candolle findet, daß man in den Schriften der Botaniker und in europäischen Herbarien, zusammen über 60,000 Pflanzenarten antreffen würde. Wenn man bedenkt, daß allein in den botanischen Gärten (unter denen der Hiesige, der Stolz unserer Hauptstadt, von allen in Europa der reichste ist) zusammen gewiß über 16,000 Phanerogamen cultivirt werden, so ist man geneigt Herrn Decandolle's Angabe noch für zu gering zu halten. Von meiner Reise allein habe ich über 3000 neue Species zurückgebracht. Wie bedeutend ist dies Ergebnis im Vergleich mit den überhaupt bekannten 60,000 Arten! – Bei unserer völligen Unbekanntschaft mit dem Innern von Südamerika, (Matto Grosso, Paraguay, Buenos Ayres, aller Länder, zwischen | dem Ori- [37r]
noco und dem Amazonenfluß) mit Inner- und Ost-Asien, (Thibet, dem nördlichen Abhange des Himalaya, China, Malacca) mit Africa, in dem uns Clapperton schön bewässerte Landstriche aufschließt, drängt sich unwillkürlich der Gedanke auf, daß wir noch nicht den dritten, ja wahrscheinlich nicht den fünften Theil der auf der Erde existirenden Gewächse kennen. – Diese Betrachtungen bewahren gleichsam den alten Mythus des Zendavesta, als habe die schaffende Urkraft aus dem heiligen Stierblut 120,000 Pflanzengestalten hervorgerufen.

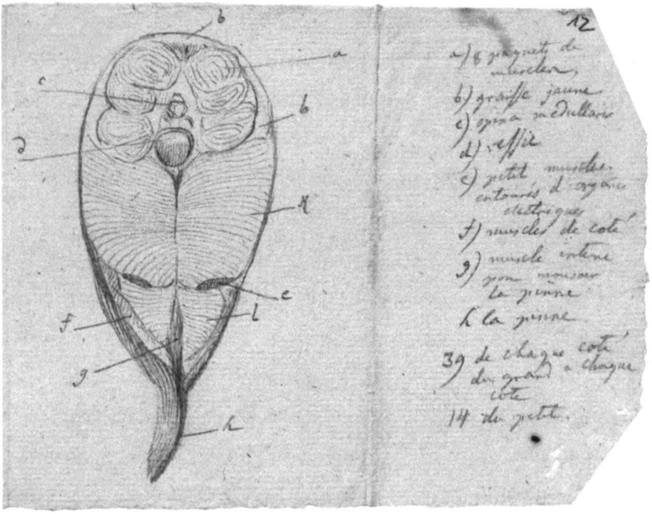

Abb. 16: Alexander von Humboldt: Querschnitt eines Zitteraals (o. D.).

Zu dieser Skizze, die sich im Nachlass gemeinsam mit weiteren Skizzen und Notizen in einer Mappe mit der Aufschrift »Animalia« von Humboldts Hand befindet, siehe auch die auffallend ähnliche, von Julia Maier und Ottmar Ette auf 1799 datierte Zeichnung Humboldts »Corps du *Gymnotus electricus*« im Band III der Amerikanischen Reisetagebücher, wiedergegeben und beschrieben in Ette/Maier 2018, S. 521.

9. VORTRAG,
7. Februar 1828

V. Geographie der Thiere. –

Geographische Verbreitung der Thiere. – Zahl der Spezies. – Verbreitung der Säugethiere, Vögel, Amphibien, Fische, Insekten; – der fossilen Thiere im alten und neuen Continente. – Contrast der Massen. –

Wir wenden uns nunmehr der Sphäre des thierischen Lebens zu, deren Representanten, uns selbst näher gerückt, wir mit leicht erkennbaren Organen des Gefühls ausgerüstet finden. – Nach dem Grade der Empfindlichkeit derselben weisen wir gewissermaßen den Geschöpfen ihre Stelle an; denn nur in höhern Organisationen verkündet sich das Leid, dessen Größe wir nach dem Ausdruck des Schmerzes zu messen pflegen. Cuvier hat bei verschiedenartigen Argonauten und Nautiliten deutliche Sinnesorgane entdeckt, und Auge, Ohr, selbst Gehirn bei ihnen vorgefunden. Dennoch aber bleiben diese Wesen uns fremd, und wenn wir beim Anblick reizbarer Mimosen die Einheit alles organischen erkennen, so bleibt doch unser Mitgefühl einzig dem Ausdruck des thierischen Schmerzes zugewandt.

Die geographische Verbreitung der Thiere ist derjenigen der Pflanzen ähnlich, und steht im Verhältniß mit dem Klima und der Natur des Bodens, indem sie durch die Nahrung modificirt wird, und das thierische Leben, das der Pflanzen voraussetzt.

Pflanzen reisen im Ei, oft durch eine Federkrone zur lan- [37v]
gen Reise bereitet; Thiere dagegen bewegen sich frei von ihrer Entstehung, und diese Locumotivität dauert ihr ganzes Leben. Eben dieser Eigenschaft wegen streifen die Thiere durch mehrere Klimate, wovon wir besonders bei denen auffallende Beispiele finden, welche die flüssigen Hüllen des Erdkörpers bewohnen, bei den Vögeln und Fischen. Da, wie

früher erwähnt, in der Luft, wie im Ocean die Temperatur nach den Schichten sich verändert, so können diese Thiere auf demselben Punkte willkürlich sich das verschiedenartigste Klima erwählen. – Dennoch findet man einen merkwürdigen Unterschied unter den Bewohnern der beiden Küsten des großen Oceans. Wenn man dieselben Arten von Fischen antrifft, von den Küsten des mittelländischen Meeres an, längs der ganzen Westküste von Africa, um das Cap der guten Hoffnung, wieder hinauf nach Madagascar und weiter, so finden sich dagegen ganz verschiedene Arten an den Küsten von Pensylvanien und an unsern europäischen Küsten, und es scheint fast als fänden die beweglichen Bewohner eine besondere Schwierigkeit von der östlichen zur westlichen Küste, und umgekehrt, überzukommen. In einem interressanten, umfassenden Werke von Cuvier und Valenciennes: über die Fische, das ich Gelegenheit gehabt habe im Manuscripte zu sehen, ist auf diesen Unterschied der Species in beiden Hemisphären besonders aufmerksam gemacht. – Es finden jedoch Ausnahmen statt, und es giebt Fische die allen Meeren gemein sind, wie zum Beispiel Seriola cosmopolita, eine Makrelen-Art, die ihren Namen dieser Eigenthümlichkeit verdankt, und in Ostindien wie in Amerika, bei den Sandwich-Inseln, wie an den europäischen Küsten gefunden wird.

[38r] In das größte Erstaunen versetzt aber die merkwürdige Uebereinstimmung der Arten, welche in den tiefen Alpenseen, jenen abgeschlossenen Behältern, in einer Höhe von 7-, 8-, ja 10,000 Fuß, angetroffen wird. Herr Ramond hat in den Pyrenäen, auf Höhen von 7000′, wo die mittlere Tempe-

ratur 1° R. ist, die Bemerkungen bestätigt gefunden, welche ich in dieser Hinsicht auf den Bergebnen in der Nähe des Aequators gemacht habe. An Wanderungen von einem Punkte zum andern, ist in diesem Falle nicht zu denken, und man kann diese Erscheinung nur durch die Vermuthung erklären, daß vielleicht frühere Verbindungen, den späteren Hebungen der Erdoberfläche vorhergegangen sind.

Ich will es nunmehr versuchen eine Uebersicht der Thiere der Zahl nach, gewissermaßen ein Inventarium der Thiere zu geben, das Dank den neueren Entdeckungen so viel großartiger und reichhaltiger ausfallen wird. – Wie es uns gelingt, in die Himmelsräume immer tiefer einzudringen, und nach dieser Richtung unsern Gesichtskreis zu erweitern, (indem ich nur anführen will, daß Struve in Dorpat mit dem ausgezeichneten Frauenhoferschen Refraktor, allein 2300 neue Doppelsterne entdeckt hat, und daß, seit noch nicht 50 Jahren unser Sonnensystem uns 15 neue Weltkörper zeigt: 5 Planeten, 8 Satelliten, und 2 planetarische Kometen) so lehrt der rege Forschungsgeist wissenschaftlich gebildeter Männer uns eine immer größere Mannigfaltigkeit der Gebilde auf der Erdoberfläche erkennen. – Wie schon erwähnt hat sich die Zahl der bekannten Pflanzenspecies seit Linné von 10,000 auf 60,000 vermehrt; so zählte Fabricius 11,000 Insektenspecies, da jetzt Latreille und Kluge 44,000 erkennen, von denen die reiche Sammlung auf der hiesigen Universität allein 30,000 | Arten besitzt. – Der Zuwachs an größeren [38v] Thieren ist verhältnismäßig eben so merkwürdig. Vor 10 Jahren kannte man etwa 4-420 größere Säugethiere; nach Prof.

Lichtensteins vortrefflichem Werke sind jetzt 900 Arten beschrieben.

Man zählt bis jetzt:

900	Säugethiere
5000	Vögel
700	Amphybien
5000	Fische
44,000	Insekten
4000	Mollusken
6000	Zoophyten.

Von den 900 Säugethieren gehören ungefähr 80 Europa an, vielleicht 100 wenn man die Robbenartigen Thiere mitrechnet. Von den Vögeln glaubt Cuvier, daß allein in den französischen Museen 5000 Arten enthalten wären, und meint annehmen zu können, daß wir wenigstens 5800 Species derselben kennen. Bei der großen Unsicherheit in Rücksicht auf nicht genau genug bestimmte Varietäten, begnügen wir uns vorläufig die erstgenannte Zahl anzugeben. Auffallend ist es, daß von den Fischen uns die gleiche Anzahl bekannt ist, und daß die Zahl der Amphybien der, der Säugethiere ebenfalls fast gleich kommt. Indem wir die 4 ersten typus zusammenfassen, nennen wir Rückenwirbelthiere (animaux vertébraux) diejenigen, deren Körper auf ein Gerüst gestützt ist, welches aus vielen mit einander verbundenen Knochenstücken besteht, und deren Nervensystem sich auf ein gemeinschaftliches Sensorium bezieht.

[39r] Von allen Thieren haben die Vögel die vollkommenste Respiration, womit im Zusammenhange steht, daß die Blutwärme der Vögel die unsrige um mehrere Grade übersteigt.

So hat zum Beispiel das Huhn $33\frac{1}{2}$° R. Blutwärme und 136 Pulsschläge in der Minute, wogegen das Blut des viel größeren Pferdes nur 29° Wärme hat, und 57 Pulsschläge macht. Wenn bei den Vögeln die Respiration am Vollkommensten ist, so haben die Fische ein minimum derselben. Dennoch bedürfen sie des Sauerstoffs zum athmen, und ich habe schon angeführt, daß es mir gelungen ist, Fische in einem vollkommen luftleeren Wasser zu ersäufen, so schnell als wären sie von einem elektrischen Schlage getroffen worden.

Die Säugethiere machen jetzt in den meisten Ländern $\frac{1}{5}$ der Vögel aus; dies Verhältniß muß aber früher ein anderes gewesen seyn. Vor der großen Catastrophe der Wasserbedeckung unseres Planeten, muß es mehr Säugethiere gegeben haben, wie wir denn auch mehr in den Versteinerungen finden. Den Grund dieses veränderten Verhältnisses, müssen wir offenbar in der größeren Locumotivität der Vögel setzen, welche entrinnen konnten, während die Thiere der Feste untergingen. – Die alte Thierwelt ist aber verschieden von der jetzigen, und mag wahrscheinlich einförmiger gewesen seyn. Die meisten der verloren gegangenen Thierformen, gehören den dickhäutigen Pachydermen, und sind unsern Tapir- und Rhinocerosarten verwandt. Es finden sich 56 Arten derselben unter den Versteinerungen, wogegen uns nur 12 Species davon geblieben sind.

Die größte Thierklasse ist die der Insekten, 44,000 Arten; weiter hinunter wird die Zählung unsicher, und die Wahrscheinlichkeit vieler noch unentdeck-|ter Arten um [39v]
so größer. Wenn man die ganze Masse der beschriebenen Thiere zusammennimmt so finden sich etwa 66,000 Arten;

eine Zahl, welche mit der, der bekannten Pflanzen fast übereinstimmt. – Die Insekten machen fast $\frac{2}{3}$ aller bekannten Thiere aus, und dabei ist es wahrscheinlich, daß vielleicht noch weit mehrere uns unbekannt geblieben sind, indem sie sich so viel leichter als die Pflanzen, der Betrachtung entziehen. – Die Flora von Berlin mit welcher die Arbeit des Herrn von Schlechtenthal uns näher bekannt macht, enthält in der Ausbreitung bis gegen die Oder etwa 2000 Arten; in derselben Umgegend sind schon 5000 Insekten bekannt, und man möchte erstaunen die numerische Verschiedenheit nicht noch größer zu finden, wenn man bedenkt, wie vielen Insektenarten oft eine einzelne Pflanzengattung zum Wohnplatz angewiesen ist, und wie viele derselben überdies Raubthiere sind.

Es ist ein durch Buffon verbreiteter Irthum, daß einzelne Welttheile gewissermaßen tiefer ständen gegen die übrigen, in dem Verhältniß als ihnen die größern Thierformen abgehen, welche die andern auszeichnen. So zum Beispiel Amerika, in dem sich keine der größern Pachydermen vorfinden. Es ist dies aber nicht sowohl ein anderer Welttheil, als eine andere Seite unseres Planeten zu nennen, auf der das Festland sich fast von einem Pole zum andern erstreckt. Wie von dem Monde uns stets die eine Seite sichtbar ist, und wir durch Oscillationen am Rande nur einen sehr kleinen Theil der entgegengesetzten Mondscheibe erblicken, so war auch bis ins 15te Jahrhundert, die eine Seite unsers Planeten seinen Bewohnern unsichtbar. Es ist wahr, daß auf diesem Theile der Erdoberfläche nicht dieselbe Man-
[40r] nigfaltig-|keit und Verschiedenheit der Menschenracen

statt findet, als auf der entgegengesetzten. Von Norden nach Süden findet man mehr oder weniger eine Uebereinstimmung in der Organisation, und selbst in der Sprache der Eingebohrnen. Eigne Thier- und Pflanzenformen bezeichnen diese Erdhälfte, für die zum Beispiel die Cactusform charakteristisch ist. (Ich bemerke hierbei daß in der südlichen Zone des alten Kontinents, so wie in Amerika unsere Rose gänzlich fehlt.) – Pachydermen finden sich nicht auf dieser Seite, wahrscheinlich weil dieselbe Revolution, welche von 56 Species nur 12 übrig ließ, hier diese Thierform von Grund aus vernichtete. – Ich allein habe jedoch von meiner Reise 3 neue Species fossiler Elephanten aus Amerika mitgebracht, die merkwürdiger Weise sich nicht da fanden, wo das Klima dem ähnlich ist, in welchem noch jetzt Elephanten leben, sondern in einer Höhe von 6-7000′, oder wenn weit entfernt von den Tropen, in einer Ebene, wie am Ohio, am Missisippi, am Missouri wo die Ueberreste jener riesenhaften Mastodonten angetroffen werden. – Das colossale fossile Armadill, welches man in dem Cabinet zu Madrid aufbewahrt, ist am Rio de la Plata gefunden worden.

Doch ermangelt Amerika auch jetzt nicht aller größeren Thierformen. Im äußersten Norden giebt es Auerochsen (Bisons), verschieden von den europäischen und unter ihnen Thiere von bedeutender Größe. Am Ohio und Missouri weiden Heerden von 9-10,000 dieser Bisons, deren Höhe bis zum Rücken 10′ beträgt, und deren Gewicht oft 2000℔ erreicht. – Ich mache hier auf die Thatsache aufmerksam, daß die volumineusesten uns bekannten Thiere, so wie auch die untergegangenen, sämtlich als grasfressend sich cha-

[40v] rakterisiren. So hat | man neuerdings in England die fossilen Reste, sogar eines grasfressenden Krokodills gefunden, von einer Länge von 60-70′, da die heutigen nicht über 20′ lang sind. Herr Pempland, der sich mit der Untersuchung dieses Thieres beschäftigte, hat gefunden, daß dies wunderbare Geschöpf ein 5-6 Zoll langes Horn auf der Stirn trug. Man hat später im südlichen England, so wie auch im Innern von Frankreich, die Spuren ähnlicher Thiere gefunden, die man mit dem Namen der Igualodonten bezeichnet.

Bemerkenswerth ist die große Verbreitung tropischer Thierformen, welche Amerika durch die Continuirlichkeit seiner Erstreckung gestattet. So finden wir die schöne Form der Colibri im nördlichen Amerika unter einer Breite wie zum Beispiel Danzig, und Mackenzie hat diese zierlichen Vögel am Ufer des Friedensflusses unter einer Breite von 54° angetroffen. Wilson, in seinem Werke: über die Vögelarten, bemerkt mit Recht, wie auffallend es sey, daß ein so zarter, schwacher Vogel eine so weite Reise in einem kurzen Sommer zurückzulegen vermöge, da diese Thierchen zum Brüten stets in ihre warme Heimath wiederkehren, wo in Pisanggebüschen sie oft den Nachstellungen feindlicher Spinnen unterliegen. – Aber nicht bloß gegen Canada erstrecken sich diese Wanderungen; man will, bis an die Magellanische Meerenge, deren strenges Klima bekannt ist, Colibri's, und verwandte Gattungen, wie Silvia und Loxia bemerkt haben.

Weshalb nun der Reichthum tropischer Regionen sich nicht so weit gegen die westlichen Alpen hin verbreitet, scheint einzig auf Localitätsverhältnissen zu beruhen. Wenn das mittelländische Meer nicht existirte, und ein 2tes Sand-|meer, die Wüste Sahara, sich nicht zwischen die eigentliche Tropenwelt lagerte, so würde Europa unstreitig eine große Menge der herrlichsten Pflanzen- und Thierformen mehr besitzen. – Wenn nach alten geographischen Mythen dies Hinderniß früher nicht statt gefunden, und erst nach Entwickelung der organischen Formen das Binnenmeer durch die Enge von Gibraltar sich einen Ausweg geöffnet hätte, so wäre der auffallende Unterschied in den Erzeugnissen der südeuropäischen, und nordafrikanischen Küsten weniger erklärbar. Ich bemerke nur, daß so viele in Italien häufige Pflanzen- und Thierformen in Nordafrika nicht angetroffen werden, und daß zum Beispiel unser Hirsch dort ganz fehlt. – Die auf den Felsen von Gibraltar gefundenen wilden Affen, die einen früheren Zusammenhang der Küsten beweisen sollten, sind genaueren Untersuchungen nach, von den Arabern dort ausgesetzt worden. [41r]

Der größte Reichthum an Thier- und Pflanzenformen findet sich überall in der Tropenwelt; doch macht hiervon Afrika eine Ausnahme, in dessen südlichste Spitze eine größere Menge von Pflanzen und Thieren zusammengedrängt ist, als man sonst noch irgendwo beisammen antrifft. Man könnte die Cap-Colonie eine Ménagerie der übrigen Welt nennen. Vom 30-35°, in der Erstreckung vom Vorgebürge bis zum Orange River, einem Raume kaum größer als Frankreich, zählt Rob. Brown nach Burchill allein 6000 Pflanzen; Lichtenstein führt 70 Säugethiere, und 500 Vögelarten auf.

Es möge sich hieran eine Betrachtung schließen, über den Contrast der Massen, welcher auch bei den Thieren statt

findet. Ich will hier nicht einmal jener microscopischen Infusorien erwähnen, deren Durchmesser nicht $\frac{1}{1000}$ einer
[41v] Li-|nie beträgt, sondern nur das kleinste ungeflügelte Insekt, gegen die elephantenartigen Thiere stellen. Selbst in einer Familie findet sich der auffallendste Unterschied, und wenn wir keine microscopischen Fische kennen, so ist doch die Differenz bedeutend zwischen dem in der Ost- und Nordsee gemeinen $1\frac{1}{2}$ Zoll langen Stichling, (Gasterosteus pungitius) und dem 30-40 Fuß langen Riesenhay, nicht dem gefräßigen und gefährlichen Squalus Carcharias, sondern dem gutmüthigen, sich von Seetang und Würmern nährenden Squalus maximus. – Noch auffallender ist der Contrast wenn man die kleinsten Nagethiere, gegen die Säugethiere des Oceans stellt. – Es herrscht zwar über die eigentliche Größe der Wallfische noch immer Unsicherheit, und wenn Lacepède ihnen eine Länge von 280-300 Fuß beilegt, und dem Fluge seiner Einbildungskraft folgend, sie mit den höchsten Thürmen vergleicht, so möchte nach neueren, verificirten Angaben diese Größe wohl auf den dritten Theil zu reduciren seyn. Die sichersten Nachrichten danken wir dem, um die Naturkunde vielfach verdienten Herrn Scoresby, der mehrjährig seinem Berufe als Wallfischfänger folgend, die beste Gelegenheit zur Beobachtung gehabt hat. Unter mehr als 300 Wallfischen, welche von seinen Leuten getödtet worden, haben die größeren nie das Maaß von 60-70 Fuß überschritten, und Scoresby ist der Meinung daß sich schwerlich Thiere von größerem Umfange vorfinden mögten.

Die Annahme, daß die Wallfische in früherer Zeit, weniger verfolgt, größer geworden wären, scheint ebenfalls nicht gegründet. Wenigstens ergeben die Nachrichten von der Zahl der Fässer, welche mit dem Thran der erlegten Thiere gefüllt worden, und die bis ins 15-16te Jahrhundert hinauf reichen, ein Verhältniß wonach die jetzt gefangenen fast noch einen reichern Ertrag liefern. | Größer als die eigent- [42r] lichen Wallfische findet man unter den Pottfischen oder Cachelotten Exemplare welche zuweilen die Größe von 100-102′ erreichen. Diese gegen die kleinsten Nagethiere verhalten sich wie 1:600.

Im Allgemeinen läßt sich nicht verkennen, daß die Größe der Typen augenscheinlich im Zusammenhange steht mit den Gesetzen der innern Organisation, die nirgend überschritten werden. Ich habe schon angeführt, daß niemals ein microscopischer Fisch gefunden worden, und daß kein Infusionsthier je die Vollkommenheit der Organisation auch nur eines Käfers erreicht.

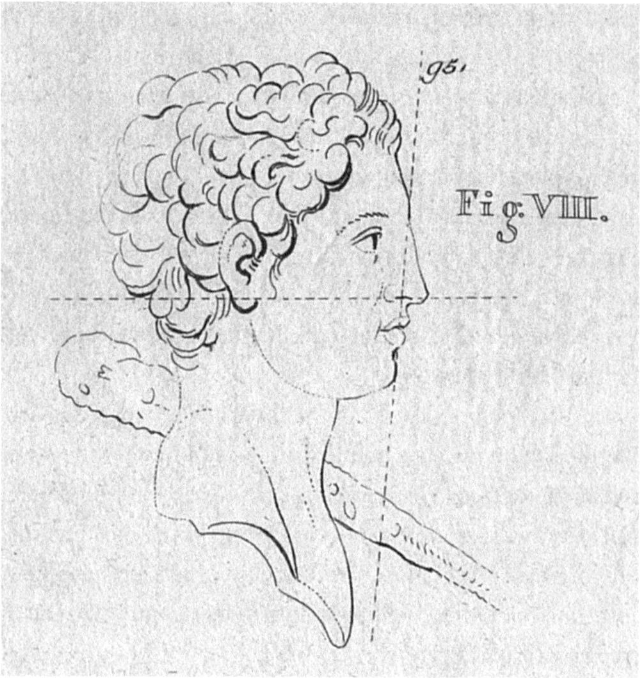

Abb. 17: Darstellung der Camper'schen Ebene und einer dazugehörigen Gesichtslinie, Camper 1792, Tab. IX, Fig. VIII.

10. VORTRAG,
14. Februar 1828

VI. Über die Menschenracen. –

Die Urtypen der Menschenstämme nach Blumenbachs Eintheilung: 1. der weiße Caukasische Stamm. 2. der gelbe Mongolische Stam̃. 3. die schwarze äthiopische Race. – Unterscheidung nach der Gesichtslinie. – die Sprache als Unterscheidung. –

Das höchste Ziel aller Naturbetrachtung kann nur erreicht werden durch klare Erkenntniß unserer eignen Natur, und wir wenden uns daher zur Betrachtung der höchsten Stufe organischer Bildung auf unserm Planeten, zu der des Menschen.

Den Alten, selbst den Griechen in der Blüthe ihrer Kultur, war die Idee einer gemeinsamen Abstammung der Menschen fremd, und erst durch das Christenthum wurde die wichtige Lehre von der Einheit der Menschenart allgemeiner verbreitet. Mit dieser Ansicht milderte sich das Schicksal der Sclaven, die früher, als einem andern Geschlechte angehörig betrachtet wurden. – Nachdem Amerika zum 2ten male entdeckt worden war – das erste mal im 10ten Jahrhundert, von Scandinavien aus, durch die Normannen; zum 2ten mal, zu Ende des 15ten Jahrhunderts durch Columbus – nahm allerdings der Sclavenhandel wieder überhand. Die Guanchen von den canarischen Inseln, die Neger der Westküste von Afrika, die unglücklichen Amerikaner wurden zu gleicher aufreibender Arbeit verdam̄t, der gleichen unmenschlichen Behandlung unterworfen. Wachsende Industrie, neue Bedürfnisse, Reichthum, Ausartung des Christenthums brachten würdigere Ansich- | ten von der Menschennatur in Ver- [42v]
gessenheit, und mit Empörung lesen wir von öffentlichen Sclavenmärkten, die im 15ten Jahrhundert zu Lisboa, Cadix und Madrid gehalten worden sind, wenn auch die Päbste niemals aufhörten den Grundsatz von der Einheit des Menschengeschlechts zu proclamiren.

Trotz dieser anerkannten Einheit drängen sich zunächst die Fragen auf: welche relative Verschiedenheit herrscht unter den Völkerstämmen in ihrer Verbreitung, und wie hat sich dieselbe gebildet, wie ist sie entstanden?

Die Betrachtung der äußern Erdrinde veranlaßte zu ähnlichen Untersuchungen. Leichter war es, zu bestimmen, wie die verschiedenen Schichten übereinander gelagert sind – gleichsam eine Geognosie der Position – als hinauf zu steigen bis zum wie? ihrer Entstehung.

Zwei Möglichkeiten stellen sich uns dar, die Frage zu beantworten, indem wir entweder annehmen, daß ein Urtypus der gemeinsamen Abstammung zu Grunde liege, aus dem, durch eine Degeneration, die sich Jahrhunderte und Jahrtausende fortpflanzte, und durch abweichende, eben so lange dauernde Einwirkung der Klimate, sich die jetzt offenbare Verschiedenheit entwickelt habe, oder daß mehrere Menschenstämme aus verschiedenen Typen hervorgegangen sind.

Pallas, und nach ihm mehrere, sind der Meinung gewesen, daß, wenn von einem Urstamm der Menschen die Rede sey, man die schwarze Menschenrace dafür erkennen müsse, aus der nachmals die edelste Form, die circassische sich entwickelt habe. Eine Ansicht die aber keineswegs allgemeinen Beifall gefunden hat, und eben so wenig den Negervölkern gefallen würde, welche die caucasische Race unstreitig für
[43r] eine Ausartung der ihrigen zu | halten geneigt sind. – So erzählte mir Major Denham, daß der Anblick seiner weißen Farbe, in Bornu allgemein den Eindruck des Entsetzens und Ekels erregt habe, der bei Frauen bis zum Erbrechen

und ohnmächtig werden sich gesteigert habe, und daß es zuletzt ihm oft unangenehm gewesen, so der stete Gegenstand von Abscheu und Widerwillen zu seyn.

Wie relativ die Begriffe von Schönheit und Häßlichkeit aber auch seyn mögen, wie verschieden modificirt nach Nationalvorurtheilen, und nach der eignen Individualität, so müssen wir doch einen abstracten Urtypus der Schönheit anerkennen, unabhängig von den conventionellen Begriffen der Anmuth und des Ebenmaaßes, einer höhern Ideenwelt angehörend. –

Die Haut des Negers möge noch so weich und zart seyn, die schwarze Farbe wird den Begriff der Schönheit ausschließen, denn ihr fehlt der belebende Ausdruck – das Erröthen. – Bei Kindern und jungen Negerinnen will man zwar die Röthe auf den Wangen durchscheinend bemerkt haben; es ist dies aber doch nur ein sehr unvollkomnes Erröthen. Im Allgemeinen bezeichnet sich Jugend und Frische bei den Negern durch tieferes Schwarz; Blässe verräth Alter und Krankheit.

Der Geschichtsforscher der Natur bedarf es nicht mehrere Menschenarten anzunehmen; er würde willkührlich das Vermögen der Natur beschränken die Körper zu verändern, wenn er die Möglichkeit, ja die Wahrscheinlichkeit der Abstammung von einem Urstamme läugnen wollte. Haut und Haare sind nicht wichtig genug, um deshalb den gemeinsamen Ursprung zu verkennen, für den die allen Stämmen gemeine, wenn auch verschieden entwickelte Intelligenz
| zeugt. Ist gleich dasjenige, was von der Dichtkunst und Lit- [43v]
teratur der schwarzen Völker uns bekannt geworden, nicht

eben wichtig, so zeigen neuere Forschungen bei einem andern Stamme, den Indern und Chinesen eine früh entwickelte Litteratur, und das Daseyn tief metaphysischer Werke, ähnlich denjenigen welche der Scharfsinn der Europäer hervorgebracht hat.

Dem Systematiker wird es aber vergönnt seyn, verschiedene Hauptstämme aufzustellen, und sie nach der abweichenden körperlichen Bildung einzutheilen. Die Hauptverschiedenheiten welche sich uns darbieten, bezeichnen nach Cuvier den Stamm der Caucasier, der Mongolen und der Neger. –

Blumenbach, der Nestor der deutschen Naturforscher, nimmt 5 Menschenracen an, die Caucasische, Americanische, Mongolische, Malayische und die Aethiopische.

I. Der weiße caucasische Stamm zeichnet sich vorzüglich durch eine starke Ausbildung des Schedels aus, wobei die Stirn sehr gewölbt ist, die Gesichtsknochen dagegen zurückspringen. Das Haupthaar ist weich, lang, zuweilen lockig, nie wollig; die Farbe der Haut mehr oder weniger weiß, so daß das Blut durchschimmert und die Wangen röthet. Nur beim weißen Menschen mag jene augenblickliche Durchdringung des Hautsystems vom Blut, jene leichte Veränderung der Hautfarbe statt finden, die den Ausdruck der Gemüthsbewegung so mächtig erhöhet.

Bei diesem Stamme findet sich der höchste Grad der Civilisation, die größte Ausbildung der intellectuellen Kräfte, und nach unsern Begriffen, der Typus der größten Schönheit, hauptsächlich bei den Circassiern und Georgiern, wenn auch nicht in so unbedingter Ausdehnung als man früher angenommen. –

Zu diesem Stamme werden gerechnet alle Völker welche gegenwärtig Europa bewohnen, selbst die Finnen und Lappen, welche man früher fälschlich den Mongolen zugezählt hat. – Neuere Untersuchungen haben ergeben, daß die Bildung dieser Völkerschaften sich von der europäischen nicht unterscheidet, daß nicht nur die Kinder weiß geboren werden, sondern daß auch bei den Erwachsenen die dunklere Hautfarbe nur von dem Oel und Schmutz herrührt, welcher sie handschuhartig überzieht. – Ferner gehören hierher viele Völker des westlichen, selbst des südlichen Asiens, Araber, Perser und Inder. – Bei dieser Gelegenheit will ich die merkwürdige Entdeckung des Herrn Klaproth nicht unangeführt lassen, welche durch die Untersuchungen von Abel Remusat bestätigt worden, daß nämlich in Manuscripten der Mandschuh und der Chinesen, eines blonden, blauäugigen Völkerstammes, den Germanen ähnlich, Erwähnung geschieht, welcher 165 Jahr nach Anfang der christlichen Zeitrechnung, vom östlichsten Asien, bis gegen die chinesische Mauer, und jenseit des Baikalsee's, sich verbreitet, und den Stamm der Hiongnu verdrängt habe, der nicht mit den Hunnen verwechselt werden darf, welche dem mongolischen Menschenstamme angehören. Die blauäugigen Völker werden Usin ? – Uisuren ? genannt. Unstreitig ein höchst merkwürdiges Factum – eine Völkerwanderung 200 Jahr vor der Zeit, in der 374 nach Christi Geburt die Hunnen unter Attila sich auf die germanischen Völker, die Alanen und Gothen am Don warfen. [44r]

Auch in Africa ist der caucasische Stamm gleichfalls verbreitet. Die Mauren welche sich an die Südeuropäer schließen, bewohnen einen großen Theil jenes Welttheils.

[44v] II. Die gelbe Varietät, die Mongolen. Bei diesen findet man ein plattes, breites Gesicht mit zurücktretender Stirn; weit aus einander, und schief nach innen stehende Augen; eine plattgedrückte Nase; eine waizengelbe, gelbbraune, oder rothe (kupfer) Farbe, und schwarzes straffes Haar. Dieser Stamm umfaßt die Japaner, Chinesen, Thibetaner, Kalmükken, Aleuten, die Bewohner der Südsee, und die Amerikaner. – Die größten Weltreiche der Vorzeit: des Attila, Dschengis-Chan, Tamerlan – die Reiche der Mexicaner und Peruaner – sind aus diesem Stamme hervorgegangen, und noch jetzt gehören die weitherrschenden Gebieter der Chinesen ihm an.

III. Der schwarze aethiopische Stamm zeigt einen von den Seiten zusam̄engedrückten Schedel, mit zurücktretender Stirn, und Kiefern welche vor Stirn und Kinn hervortreten, stumpfe Nase und aufgeworfene Lippen, eine graue oder schwarze Farbe, wo selten eine Spur von Röthe durchschimmert, und wolliges Haar. Dieser Stamm zieht sich südöstlich und südwestlich von den maurischen Völkern bis gegen die Südspize Afrika's. Auch auf den Andaman-Inseln kommen Neger vor. Ferner gehören hierher die Nigritos der Südsee, die nicht als Kolonie, sondern unstreitig als Stammvolk, das Innere jener Inseln bewohnen.

Blumenbach stellt als gesonderten Stamm die Malayen zwischen die Europäer und Neger, die er charakterisirt, durch eine dunkle, braune Farbe, dichtes, schwarzes, lockiges Haar, breite Stirn, und großen Mund. Er rechnet hierher hauptsächlich die Bewohner der Südsee-Inseln, oder des eigentlichen Australiens, die der Philippinen, der Molucken, und die eigentlichen Malayen von der Halbinsel Malacca.

Die Amerikaner bilden nach Blumenbach den Uebergang [45r] zwischen den Mongolen und Negern, scheinen aber doch vielmehr einen ganz abgeschlossenen Völkerstamm darzustellen. Die Stirn ist niedrig und schräg zurückweichend, die Gesichtszüge sind stark, die Backenknochen hervorstehend. Das Haar ist schwarz und starr, die Farbe heller oder dunkler kupferroth. – Wenn im Allgemeinen die Fluth der Völker von Osten gegen Westen statt gefunden hat, so muß dagegen in Amerika die Verbreitung von Norden nach Süden angenommen werden. Von Anahuak, dem jetzigen Mexico, kann man der Ausbreitung des alten Gila-Stammes folgen, den Gleichheit der Sprache, der Gesichtsbildung und der religiösen Ansichten charakterisiren. Südlicher als der See von Nicaragua verlieren sich diese Spuren, und kein geschichtliches Factum erklärt uns den Zusammenhang der Bevölkerung von Nord- und Süd-Amerika.

Außer den ebengenannten Merkmalen, dem Knochenbau, dem Dermoïdalsystem, den Haaren pp. hat man den Unterschied der Menschenstämme auch nach der sogenannten Gesichtslinie zu bestimmen versucht. Camper hat zuerst auf die Verschiedenartigkeit der Winkel aufmerksam gemacht, welche 2 Linien bilden deren eine man sich durch die Höhlen des Ohrs, bis auf den Boden der Nase, und die andere von den Hervorragungen des Stirnbeins, bis auf den am meisten hervortretenden Theil des Kinnbackenknochens,

gezogen denkt. – In diesem Winkel soll nicht nur der Unterschied der Thiere, sondern auch der verschiedenen Nationen bestehen, und die Natur sich desselben bedient haben, um durch alle Verschiedenheit der Thierbildung, stufenweise bis zum Schönen, der schönsten Menschenbildung aufzu-
[45v] steigen. Die Vögel beschreiben den kleinsten | Winkel, und dieser Winkel wird größer, je nach dem das Thier sich mehr der menschlichen Gestalt annähert, wie aus den Affenköpfen erhellt, von denen einige Arten einen Winkel von 42° beschreiben. Der Kopf eines Negers bildet einen Winkel von 70°, der eines Europäers von 80-85°.

Cuvier stellt noch außer dieser Camperschen Gesichtslinie (Faciale) einen andern Eintheilungsgrund auf, der in der Betrachtung der Profil- und Querdurchschnitte des Schedels von Innen begründet ist.

Die Analogie und Verschiedenheit der Sprachen ist schon von den ältesten Völkern benutzt worden, um die Verschiedenheit der Stämme danach zu bestimmen. Herodot erwähnt das sonderbare Criterium welches Psammitichus angewendet habe, um den Streit zu schlichten, welches die älteste Sprache sey. Er ließ 2 Kinder bei einem Hirten erziehen, der sorgfältig darauf sehen mußte, daß kein menschlicher Laut ihnen nahen durfte. Das erste Wort dieser Kinder war: beccos – welches in phrygischer Sprache Brot bedeutet. Und somit war denn entschieden, daß das Phrygische die Ursprache sey.

Die Sprachverschiedenheit der Völkerstämme scheint einen Eintheilungsgrund abzugeben, der allerdings viel für sich hat. Meines Bruders W. v. Humboldt: Philosophische Untersuchungen über die Vertheilung der Sprachen, auf der ganzen Erde, beweisen jedoch, daß keinesweges Gleichheit der Sprache, auch Gleichheit der Abstammung bedingt. Zwischen einer und derselben Race herrscht oft die größte Sprachverschiedenheit, während in dem Idiom der entferntesten Völker sich Analogien finden, die in Erstaunen setzen. So zum Beispiel bemerkt man eine Sprachähnlichkeit zwischen den Kopten, den Bewohnern von Congo und den Baskischen Völkern.

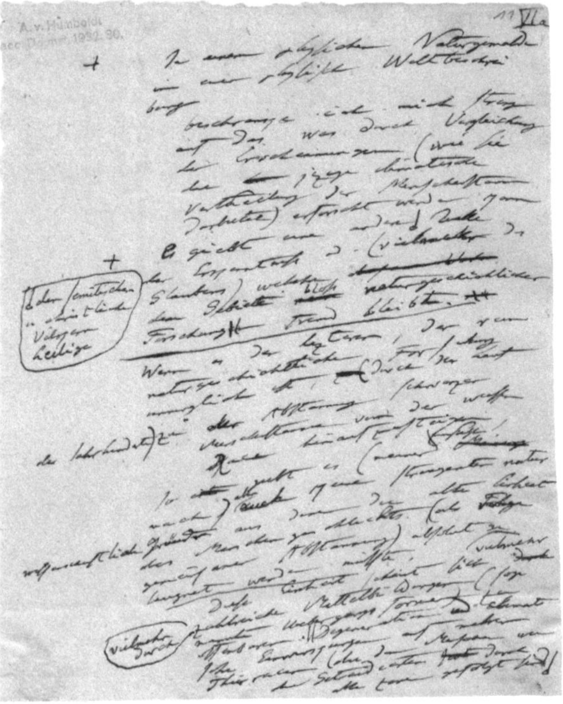

Abb. 18: Eine Seite aus Humboldts Vorlesungsmanuskript zur Anthropologie und Ethnologie sowie zur Sprache (o. D.).

Das Blatt befindet sich mit weiteren Notizen in einem Umschlag mit der Aufschrift »Menschenracen« in Humboldts Nachlass. Im oberen Teil heißt es: »In einem physischen Naturgemälde[,] in einer physischen Weltbeschreibung[,] beschränke ich mich streng auf das was durch Vergleichung der Erscheinungen (wie sie die ~~bis~~ jezige climatische Vertheilung der Menschenstämme darbietet) erforscht werden kann[.] Es giebt eine andere | den semitischen u christlichen Völkern heilige | Quelle der Erkenntniss [(]od. [...]viel~~leicht~~^{mehr} des Glaubens) welche ~~diesem Werke~~dem Gebiete ~~rein~~^{bloss} naturgeschichtlicher Forschung~~en~~ fremd bleibt.~~en mu~~[~~ss~~].« (Transkription: Christian Thomas.)

11. VORTRAG,
21. Februar 1828

Es ist kein Grund gegen die gemeinsame Abstammung des Menschengeschlechts. – Mittelglieder und Abweichungen von den angenom̄enen Racen. – die Inder, Mongolen, Tataren – die Fulahs und Jolops; die Andaman-Insulaner; schwarze Amerikaner. – die Malayen. – die Amerikaner. – die Polarvölker. – Hypothese eines allmähligen Übergangs vom Orang-Utang zum Menschen. – Charakteristischer Unterschied des Menschen und Affen. –

Mit der letzten Vorlesung habe ich den Entwurf des Naturgemäldes vollendet, in dem ich die Hauptumrisse derjenigen Wissenschaft zu geben versuchte, welche am passendsten Weltbeschreibung genannt werden möchte, indem sie den Inbegriff der cosmischen und tellurischen Zustände umfaßt. [46r]

Wenn die Art meiner wissenschaftlichen Bestrebungen mich mehr der Beobachtung von Thatsachen zugewendet hat, so verkenne ich deshalb nicht, daß, wie hoch die Weltbeschreibung auch als Wissenschaft zu stellen sey, sie doch nur Materialien liefert, zu einer rationellen Naturphilosophie, deren letzter Zweck ein vernunftmäßiger Begriff der Natur seyn muß.

Die Natur ist Einheit und Vielheit; sie ist der Inbegriff der Naturdinge, und der Naturkräfte – die Naturkenntniß mithin die Kenntniß der Dinge neben- oder nacheinander.

In dem Naturgemälde welches ich aufzustellen versuchte, haben wir uns Rechenschaft gegeben von dem ersten Aufblicken der wahrnehmbaren Materie, die als unscheinbarer Nebelfleck sich kaum der Beobachtung darbietet, wir haben in der Geognosie die starren Theile des Erdkörpers, in der Meteorologie und Klimatologie die flüssigen Hüllen derselben betrachtet, und sind endlich von der Geographie der Pflanzen und Thiere zu den Menschenracen übergegangen, so in großen Umrissen eine Uebersicht des Geschaffenen umfassend. Bevor wir nun zu einer Auswahl individueller

Ansichten aus dieser Gesammtheit übergehen, sei es mir vergönnt zuvörderst einiges über die verschiedenen Menschenstämme nachzuholen.

Bei aller Dunkelheit welche die Forschungen über den
[46v] Ursprung des | Menschengeschlechts unsicher und ungewiß macht, ist so viel sicher, daß es keinen auf vernünftigen Schlüssen beruhenden Grund giebt, um die Möglichkeit, ja Wahrscheinlichkeit der Einheit, und gemeinsamen Abstammung der Menschen zu läugnen. Im Gegentheil zeigt das Entstehen mannigfaltiger Mittelbildungen, zum Beispiel bei den Hausthieren, daß von einem Urtypus verschiedenartige Abweichungen statt finden können.

Man hat das Daseyn von 5 Hauptstämmen angenommen, die hauptsächlich verschieden seyn sollen, durch das Pigment der Haut, den Haaren nach, und durch die Abweichung der Gesichtslinie.

Die Namen welche man diesen Stämmen beigelegt hat, sind eben so tadelnswerth, als die Abtheilung.

Den Caucasiern werden zum Beispiel die Inder beigezählt. Nun ist es aber bekannt welchen Unterschied die Griechen, schon zur Zeit der Züge Alexanders unter den Indern bemerkt haben. Wenn sie einige Völkerschaften derselben mit den Negern verglichen, so fanden sie andere weniger gefärbte mehr den Aegyptern ähnlich.

Den Mongolen werden die Kalmücken und Chinesen zugezählt; letztere mit weniger ausgewirkten Zügen. Man pflegt ihnen die Tartaren entgegen zu setzen. – Wir finden die Mongolen zuerst im 9ten Jahrhundert südlich vom Baikal-See. In den Analen der Chinesen heißen sie Ta-taren,

und das dem Namen zugesetzte r scheint vielmehr eine spätere Verstümmelung. Das älteste Document in dem man diesen Zusatz findet, ist ein Brief Ludwig des Heiligen, an seine
Mutter, nachdem jene Völker durch Ruß-|land, nach Un- [47r]
garn, und selbst bis Schlesien vorgedrungen waren. Der König spricht den Wunsch und die Hoffnung aus, daß die ganze Christenheit sich erheben werde, um diese Horden in ihre tartaria sites – Tartarusgleiche Wohnsitze zurückzutreiben. So mag diese abweichende Benennung vielleicht nur einem bon-mot den Ursprung verdanken.

Mit diesen Völkerschaften vermischt finden wir früh ganz verschiedenartige türkische Stämme, deren mehrere schon Dschengis Chan seinem Heere vereinigt hatte. Diese von den Mongolen sehr abweichenden Ties machten bald die Mehrzahl dieser verwüstenden Horden, von denen die Chanate in der Krim abstammen. Es ist dies aber eine schöne türkische Race, die sich selbst Turks oder Turuks nennen, und den Namen Tartar für gleichbedeutend mit Räuber halten.

Auch der Aethiopischen Race werden sehr verschiedenartige Menschenstämme zugezählt. Die Foulah's sind die schwärzesten unter den Negern, mit den als charakteristisch angenommenen Kennzeichen dieser Bildung. Die Jolop's bei gleicher Farbe haben dagegen dünne Lippen, und fast europäische Nasen. – In Amerika fand ich mannigfaltige Gelegenheit die Bildung der schwarzen Sclaven zu vergleichen, und habe mich überzeugt, daß die Simultaneität des Wollhaares, der Farbe, der Lippenbildung pp. keinesweges immer statt findet. – Die Timbook gehören einer sanften

Race, von lichterer Farbe, und mit Wollhaar. – Auf den Andaman-Inseln, nach neueren Berichten sogar auf dem Festlande von Malacca, finden sich schwarze Menschenstämme; eben so auf Van Diemens Land, und im Innern vieler der
[47v] Süd- | see-Inseln, wo es wahrscheinlich ist, daß die Neger den Urstamm des Landes ausmachen, und die Malayen sich nur wie Küstenpflanzen am Littorale angesiedelt haben.

Noch muß ich hierbei der Frage erwähnen, die man aufgeworfen: ob sich denn unter den ursprünglichen Bewohnern von Amerika gar keine schwarzen Menschen gefunden? – Columbus berichtet, und noch ausführlicher sein Sohn Fernandus, daß auf St. Domingo, dem jetzt von importirten Negern bewohnten und beherschten Haity, von Südwesten her ein schwarzer Menschenstamm eingewandert sey, der eine Art Gold-Metall, (Guanin nennt es Columbus, eine Mischung von Gold, Silber, Kupfer, also ein schlechtes Gold) mit sich geführt habe. – Balboa, der Entdecker der Landenge von Darien, führt einen Stamm schwarzer Menschen dieser Gegend benachbart an, die er als Negros de Guinea beschreibt. – Man hat die wunderliche Hypothese aufgestellt, daß diese Neger aus Sudan gekommen, und durch Seeräubereien nach Amerika verschlagen worden wären, obgleich die Bewohner von Sudan so wenig Schiffahrt als Seeräuberei jemals getrieben haben.

Der 4te Stamm der Malayen bewohnt hauptsächlich den indischen Archipel, die Küste von Malacca, und die östlichen Südseeinseln. Eine schöne Race, von sehr verschiedener Farbe. Auffallend ist, daß die Bewohner von Neuseeland, in der südlich temperirten Zone, etwa wie das mittlere Italien gelegen, dunkler gefärbt sind, und daß auf den freundschaftlichen, Gesellschafts- und Marquesas-Inseln, der Tropenhitze so viel näher, sich ein Stamm von lichterer Hautfarbe findet. | [48r]

Amerika in seiner ganzen Erstreckung von 57 Grad nördlicher Breite, bis zur Magellanischen Meerenge, wird von einer abgeschlossenen Race bewohnt, von der man jedoch die Esquimaux ausschließen muß, die, wie früher bemerkt, vielmehr zu den Europäern gehören.

Man unterscheidet 3 Stämme sogenannter Polarmenschen. Die Samojeden, ein mongolischer Stamm in Nordasien, elende, preßhafte, von Kälte verkrüppelte Menschen, verschieden von den größeren Samojeden auf dem Altai. Die Finnen im Norden, die man eigentlich Uralier oder Tschuden nennen sollte, und die Esquimaux, von denen uns in neuerer Zeit englische Reisende eine fast zu oft wiederholte Beschreibung geliefert haben. Diese Menschen leben in Schneehütten, und haben von aller Vegetation so gar keine Idee, daß nach Capt. Parry ihre Sprache keinen Ausdruck für die grüne Farbe hat.

Schon tausend und mehr Jahre vor der Entdeckung von Amerika, im 10ten Jahrhundert durch die Normannen, sind lebende Esquimaux bis zu den europäischen Küsten gelangt. Cornel. Nepos und Pompon. Mela berichten von Indern welche durch Schiffbruch an die nördlich germanischen Küsten verschlagen, zu einem keltischen König gekommen wären. Ohne Zweifel waren dies Esquimaux, von der Küste von Labrador; denn unter Inder verstanden die Alten alle Völker von dunkler Hautfarbe, und an Ost-Indier ist in die-

sem Falle ohnehin nicht zu denken. Auch in viel neuerer Zeit
1682 und 1684 sind 2 mal lebende Esquimaux in ihren Fell-
booten, (die nicht umfallen können, da sie wie ein Schlauch
die Schiffenden umgeben) auf den Orkney-Inseln, Egga und
Westram angekommen, und das eine Boot wird noch jetzt
[48v] in der Kirche | eines kleinen Städtchens aufbewahrt. Nek-
ker, ein Genfer, hat hiervon Nachricht gegeben. – Die Ent-
fernung der Küste ist auch keineswegs so übermäßig, und
möchte etwa $\frac{3}{4}$ des mittelländischen Meeres betragen. Cap-
tain Sabine der so lange sich an der Baffins Bay aufgehal-
ten, und den ich darüber befragte, hält die Thatsache gar
nicht für unmöglich. Er versichert, daß die Fellboote niemals
durchnäßt werden, und daß die Esquimaux von einer Kü-
ste der Hudson's Bay zur andern zu schiffen pflegen, indem
das Fahrzeug sogar gestatte einige Provision mitzuführen.

Aber auch das Beispiel weißlicher Racen kommt in Ame-
rika vor, wie die Guacharico's, welche wahrscheinlich her-
stammen von den Quellen des Orenoca, zu denen noch
kein Europäer vorgedrungen ist. Dieser Menschenstamm
ist weiß wie die Mestizen, und doch kann bei diesem abge-
sonderten Stamme keine Vermischung statt gefunden ha-
ben. Auffallend ist der Contrast zwischen diesen, und den
fast schwarzen Ottomaken.

Die lichtere oder dunklere Hautfarbe steht aber in kei-
nem Zusammenhange mit der Höhe über dem Meere, oder
mit der Breite gegen den Aequator. So sind die Zacaticas im
nördlichen Mexico ungleich gebräunter als die Völker zwi-
schen dem Amazonenstrom und dem Orenoco.

Ein sehr merkwürdiges Vorkommen ist dasjenige von

blonden, blauäugigen Menschen an der Nord-Westküste von Amerika, in der Gegend von Norfolk-Sound. Marchand hat zuerst darauf aufmerksam gemacht, und Herr v. Schabelsky ein sehr unterrichteter Russe, bestätigt das Vorkommen europäischer Gesichtszüge, in einer Gegend wo sie durch keine Vermischung hervorgerufen seyn kön-|nen. – [49r]
Man möchte hierbei an den von Herrn Klaproth nachgewiesenen Völkerstam̄ von germanisch-indischer Bildung, in China denken.

Wenn übrigens bei Charakterisirung des amerikanischen Stammes, auf den gegen die Faciale zurückgedrückten Schedel Rücksicht genommen wird, so muß man nicht vergessen, daß nicht in allen Fällen diese Bildung natürlich ist, sondern zum Theil der Gewohnheit einiger Völkerschaften zugeschrieben werden muß, welche den Kopf neugeborner Kinder zwischen 2 Brettern zurückpressen. Dieser unnatürliche Gebrauch ist von großem Einfluß auf die Bildung des Schedels. – Diejenigen Köpfe welche ich auf den alten Schlachtfeldern der Peruaner gesammelt habe, und von solchen Völkern bei denen diese Gewohnheit nicht herscht, zeigen eine Gesichtslinie von bei weitem nicht so kleinen Winkel.

Ob die auf alt mexicanischen reliefs vorkommenden Abbildungen ganz besonders großnasiger Menschen, einer eignen Art derselben nachgeformt, oder nur in der Phantasie der Künstler entstanden, ist nicht zu entscheiden. In mythischen Vorstellungen, die sich doch wohl von asiatischen Traditionen herschreiben, und an unsere eignen frühern religiösen Sagen erinnern, findet sich dieselbe Darstellungsweise. Die Schlangenfrau Eva von den Mexicanern la Señora de nuestra carne genannt, so wie Coxcox, der Adam, sind beide auf ähnliche Art abgebildet.

Der Irrthum eines, in anderer Hinsicht verdienten Gelehrten, des Herrn Meiners, hat lange dem schändlichen Verkehr des Sclavenhandels zum Vorwand, und zur Entschuldigung dienen müssen. Meiners hat nämlich auf das entschiedenste die Ansicht vertheidigt, daß das Menschen-
[49v] geschlecht augenscheinlich in 2 bestimmt ver-|schiedene Klassen zu trennen sey. Er nimmt an, daß es eine schöne, weiße Menschenrace gebe, der höhern Intelligenz fähig, und eine 2te häßliche, böse, dunkelgefärbte, stumpfsinnige, die er sogar die unvollkomnere nennt, und zu ewiger Sclaverei mit Recht verdammt glaubt.

Noch tiefer hat man die Würde der menschlichen Natur entadelt, indem man auf der Stufenleiter der Humanität sogar den Uebergang gesucht hat, der unser Geschlecht an die Thiere knüpft, und den man in der Verwandschaft des gefabelten Orang-Utang, mit dem Waldneger, von diesem zum Buschhottentotten, und zum Papua von Neu-Guinea, gefunden zu haben wähnte.

Die beiden Affenarten bei denen man diese geträumte Verwandschaft am auffallendsten glaubte, sind der Orang-Utang von Borneo, und der Schimpanse oder Jocko aus Africa. – Von dem Orang-Utang sind nur sehr selten lebende Exemplare nach Europa gekommen. Ein Affe dieser Art, den ich in Paris gesehen habe, war ein kleines nur 34 Zoll hohes, sanftes, häßliches Thier, mit einem dicken Wulst um den Mund, aber mit schöner, fast europäischer Stirn. Ob den Affen überhaupt mehr Intelligenz zuzuschreiben sey,

als den Hunden, ist noch zweifelhaft, und wenn dem Affen in einiger Beziehung größere Geschicklichkeit zugesprochen werden muß, so beruht dies hauptsächlich auf der günstigeren Bildung seiner Hände. – Ich will hier eines Beispiels anscheinender Ueberlegung erwähnen, das ich an eben jenem Thiere bemerkt habe. Der Affe war krank, und eine Flasche mit Arzney auf dem Tische vor ihm umgefallen, und dadurch in eine rollende Bewegung gerathen. Der Affe legte seinen Daumen dagegen, und hielt ihn so lange fest, bis die Oscillation der Flasche aufgehört hatte. – Allerdings eine zweckmäßi-|ge Bewegung, die aber doch hauptsächlich [50r]
dadurch möglich wurde, daß der Affe einen Daumen hatte, und wenn ich nicht eben behaupten will, daß die Civilisation des Menschen auf der Existenz des Daumens beruhe, so ist doch nicht zu läugnen, daß die Art der Bildung unserer Hände den entschiedensten Einfluß auf die Entwickelung des Kunstfleißes gehabt hat.

Tilesius hat das Verdienst zuerst entdeckt zu haben, daß der Orang-Utang, dem man eine so große Menschenähnlichkeit zuschreibt, keinesweges eine eigne Art ausmacht, sondern daß diejenigen Affen, an denen eine minder thierische Bildung bemerkt worden, sich in jüngerem Alter befanden, und daß dieselben Thiere sich später zu einem großen, häßlichen Pavian (Pongo) entwickeln. Rudolphi hat diese Beobachtung bestätigt.

Eine 2te dem Menschen angeblich näher stehende Affenart ist der Schimpanse, oder Jocko, (Simia Troglodites) der in Congo, Guinea, Angola lebt, und fast die Größe der Menschen erreicht. Nach den Berichten der Reisenden lebt dieser Affe gesellig, baut sich Hütten aus Baumzweigen, und vertheidigt sich mit Knütteln gegen Angriffe. Er ist gelehrig, kann zum aufrechten Gehen, zum Sitzen, und zum Aufwarten bei Tisch gewöhnt werden.

Daß dem Affen die Fähigkeit articulirte Töne hervorzubringen, gänzlich abgeht, daß ihm die Sprache fehlt, hat Camper aus einer mangelhaften Einrichtung seiner Stimmwerkzeuge erklären wollen. Rudolphi's schätzbare phisiologische Untersuchungen beweisen, daß nicht in den Werkzeugen dieser Mangel begründet ist, sondern in etwas höherem, in der Seelenanlage. Mit Recht sagt Lordan in seiner Untersuchung über den grünen Affen: die Affen spre-
[50v] chen nicht, weil sie nicht zu spre-|chen haben.

Diese höhere Seelenfähigkeit abgerechnet, fehlt es aber fast ganz an einem wesentlichen Kennzeichen den Menschen zu charakterisiren, und der Unterschied ist nur geringe, der ihn in körperlicher Hinsicht von den Thieren trennt. Das Verhältniß der Capacität des Schedels gegen die Gesichtsknochen, bietet eins der unterscheidensten Merkmale, indem, in der größern Entwickelung der zum Beißen bestimmten Kinnladen, sich der vorwaltende thierische Ausdruck besonders charakterisirt.

Ein 2ter Unterschied beruht in der Abwesenheit des Intermaxillar-Knochens, welcher dem Menschen fehlt. Göthe, welcher mit gleichem Genie alle Theile der Naturwissenschaft, wie der Kunst, umfaßt, hat sich früher mit diesem Gegenstande beschäftigt. – Man hat jedoch gefunden, daß einigen Affen-Arten dieser Knochen eben so wohl, als dem Menschen abgeht.

Nach Sömmering besteht eine bedeutende Verschiedenheit, nicht sowohl in der größeren Masse des Gehirns, sondern in dem Verhältniß des Gehirns gegen die Nerven. Doch finden auch hier Abweichungen statt, und Mekel hat bei dem Neger die Nerven des 5ten Paares beträchtlich dick gefunden, im Verhältniß gegen das Gehirn.

Man hat in dem Eigenthum des Kinnes einen Vorzug des Menschen gesucht, man hat die Anwesenheit des Hirnsandes angeführt, (der sich unter allen Thieren allein beim Dammhirsch ebenfalls findet) man hat auch das Vortreten der Nase vor dem Kinn, als charakteristisches Kennzeichen darstellen wollen. Diese zuletzt angeführte Bildung ist uns aber mit einigen Affen, zum Beispiel Simia rostratus, gemein, wen̄ | wir auch nicht mit einem französischen Gelehrten anneh- [51r]
men wollen, daß die Entwickelung der Nase hauptsächlich vom Schnauben herrühre, obgleich der Gebrauch eines Organs wohl allerdings die Anlage desselben verstärkt.

Wenn wir alles zusammenfassen, so werden wir den Hauptcharakter des Menschlichen erkennen, in dem Uebergewicht des Gehirns, in der aufrechten Stellung, und in der Sprache, nicht als Folge der Stimmwerkzeuge, sondern als Ausdruck der höheren Intelligenz.

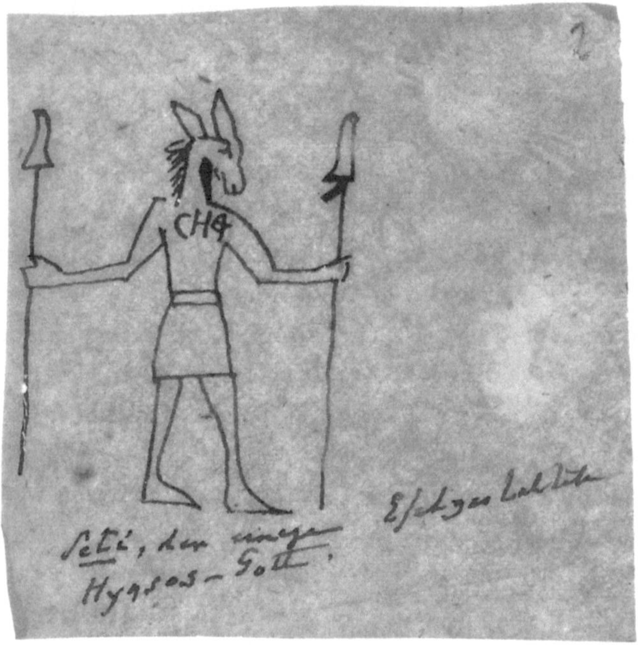

Abb. 19: Darstellung des Hyksos-Gottes »Seti« in Gestalt eines Esels, vermutlich von Heinrich Brugsch; am unteren Rand beschriftet von Alexander von Humboldt.

Die Zeichnung liegt einem Brief des Ägyptologen Heinrich Brugsch vom 12. April 1856 an Humboldt bei, in dem Brugsch unter anderem seine Quellenstudien zu semitischen Nomadenvölkern in Ägypten, zur Dynastie der Hyksos, der biblischen Überlieferung und der Herkunft der Bezeichnung »Hebräer« mitteilt. Diese Herkunft erklärt Brugsch mit dem Namen der Hyksos-Feste »Havar« (griech. Αὔαρις; Auaris, auch: Avaris) und argumentiert, dass »der aus dem hebräischen nicht nachweisbare Name der Hebräer (ʿAvrim) entstanden ist aus dem ägyptischen Stadtnamen Havarim [...].« »Hier ward der Seti in Gestalt eines Esels, seines lebenden Symbols, verehrt. [...] Ich füge noch das Bild des Seti nach einem ägyptischen Papyrus, aus griechischer Zeit, bei.« (Transkription: Christian Thomas.)

12. VORTRAG,
28. Februar 1828

2te Abtheilung. Historisches Fortschreiten der Naturkenntniß.

Urvölker. – Wilde. – primitive Naturweisheit die von Norden stam̄t. – 6 Hauptmomente der Entwickelung:

1. **Die jonische Naturphilosophie und die dorisch-pythagorische Schule. –**

   Thales. Anaximenes. Anaximander. Empedokles. Diogenes von Apollonia. – des Pythagoras Lehre nach Philolaus. Plato.

2. **Die Züge Alexanders nach dem Osten. –**

   Entdeckungen durch dieselben. – Thiere. Gewächse. – Nearchs Zug. – Inder. – Des Seleukus Nikator Eroberungszug. – Chaldäer. – des Aristoteles Naturgeschichte. – Strabo. – Plinius. – Neuplatoniker und Gnostiker. – χημεῖα. –

Wenn bei Aufstellung des Naturgemäldes dessen Entwurf mich bisher beschäftigte, die einzelnen Theile der großen Gesammtheit gewissermaßen als coexistirend betrachtet wurden, so möge sich jetzt die Untersuchung anschließen, wie durch den Lauf der Jahrhunderte wir zu den Kenntnissen gelangt sind, deren wir uns jetzt erfreuen. Eine geschichtliche Entwickelung dieses Fortschreitens kann nicht erwartet werden, und ich begnüge mich mit der Andeutung, wie sich allmälig die Idee von der Einheit des großen Natur-Ganzen verbreitet hat.

Ein dunkles Gefühl, eine begeisterte Ahndung derselben, müssen wir selbst bei den sogenannten wilden Völkern voraussetzen; das vernunftmäßige Begreifen jenes Natur-Ganzen kann sich aber nur bei gebildeteren Nationen vorfinden: so wie der Horizont der Erkenntniß sich in allen Wissenschaften erweitert, so rückt auch dieser Begriff uns näher und näher. Mit gewonnener geistiger Freiheit wird der Glaube an die Einheit der Natur, zur lebhaften Erkenntniß, zum klaren Begreifen.

Es ist viel und oft die Rede gewesen von sogenannten Urvölkern; man | hat bald die Semiten dafür ausgegeben, bald [51v]
die Atlanten, die Kelten, die Bewohner von Irak, endlich die Inder, während man, nach allen Beobachtungen annehmen kann, daß die Erkenntniß einer Natur-Einheit sich bei allen wilden Völkern gleichmäßig entwickelt habe. Ueberhaupt ist wohl mit Recht die Frage aufgeworfen, und der

Zweifel entstanden, ob jene uns in einem roheren Zustande erscheinenden Völker, ursprünglich Wilde zu nennen sind? ob man sie nicht vielleicht als Trümmer einer untergegangenen Kultur anzusehen habe, als gerettete Ueberbleibsel aus dem großen Schiffbruch des menschlichen Geschlechts? – Geschichtlich läßt sich hierüber nichts ermitteln, und wenn auf der einen Seite der vorgefaßte Glaube an eine primitive Naturweisheit, die Liebe zum Wunderbaren, die auf eine fast krankhafte Weise sich zu verbreiten scheint, geneigt macht, die Naturkenntnisse der Wilden zu überschätzen, so läßt sich anderseits nicht läugnen, daß auffallende Spuren vereinzelten Wissens unter ihnen angetroffen werden. – Es ist zwar natürlich, daß das einzig Geregelte das diese Wilden um sich sehen, auf sie gewirkt haben muß; die Eintheilung des Jahres braucht nicht von einer Nazion zur andern über gegangen zu seyn, und eine gewisse natürliche Astronomie hat gar nichts wunderbares.

Auffallender ist es, wenn in den Nächten am Orenoco, während meiner astronomischen Beobachtungen, die Aeußerungen meiner indischen Begleiter mich zu der Bemerkung veranlaßten, daß nicht nur übereinstimmende Benennungen der Constellationen, sondern auch anderweitige Kenntnisse vom Lauf der Sterne, sich bei solchen Völkern finden, die in
[52r] ungeheuren Wäldern | lebend, den Himmel fast nur wie durch eine Esse beobachten können; da man doch voraussetzen möchte, daß jene Ideen nur auf den großen Savannen entstanden seyn können, die einen unbegränzten Ueberblick des Sternengewölbes gestatten.

Jedenfalls aber gehört die Annahme der entwickelten

Naturweisheit bei den wilden Völkern, zu einer Sphäre des Glaubens, die unsern Untersuchungen fremd bleiben muß.

Merkwürdig ist, die bei allen früher gebildeten, abendländischen Völkern allgemein verbreitete Sage einer Naturweisheit, die von Norden her ihnen zugekommen sey. Nördlich vom Hymalaja hat der Kultus des Buddha und des Brahma seinen Ursprung genommen, und von dorther hat zuerst Bildung sich über die Inder verbreitet. Eben so stammen bei den Chaldaeern und Hellenen die bacchischen und orphischen Geheimnisse aus Thracien her, und alle ihre religiösen Sagen sind vom Norden herabgekommen. Eine sonderbare mythische Person, den Hyperboräer Abaris, den Luftwanderer, dem ein vorangehender Pfeil seinen Weg zeigt, finden wir sogar in Amerika wieder. Man ist so weit gegangen, diese Sage auf den Compaß zu beziehen, und darin eine Kenntniß der nach Norden wirkenden magnetischen Kräfte finden zu wollen. – Ich erinnere noch an den caucasischen Prometheus, den die Sage das himmlische Feuer den Völkern herabbringen läßt, und an Pythagoras, der mit seinem Schüler oder Diener Zamolxis zu den Hyperboräern zurückgekehrt seyn soll, wo in Phöbos altem Garten, glückliche und gesittete Völker einen goldreichen Boden bewohnten.

Wenn diese mannigfaltigen mythischen Einkleidungen [52v] uns nun auch bei den meisten wilden Völkern das Gefühl von der Einheit der Natur voraussetzen lassen, so dürfen wir ihnen doch keineswegs eine bewußte Erkenntniss derselben zutrauen, die eine begreifende Einsicht der Natur voraussetzt. Diese Kenntniß ist nicht bloßes Product der Intelligenz: sie kann nicht ausbrechen wie die Sprache, die in ihrer frühesten Entwickelung der epischen Poesie ihren Ursprung gab; langsam nur, im Laufe der Jahrhunderte, bei stets wachsender Erkenntniß, konnte der große Gedanke der Natur-Einheit heranreifen, und als feststehende Ueberzeugung Wurzeln fassen.

Wir unterscheiden 6 Epochen, welche als Hauptmomente die allmälige Verbreitung dieser Erkenntniß bezeichnen.

1, die Jonische Naturphilosophie, und die Dorisch-Pythagorische Schule.
2, die Züge Alexanders nach dem Osten.
3, die Züge der Araber nach Osten und Westen.
4, die Entdeckung von Amerika.
5, die Erfindung neuer Organe zur Naturbeobachtung, das heißt Fernrohr, Wärmemesser, Barometer von 1591-1643.
6, Coock's Weltreisen, die ersten nicht blos geographischen Entdeckungsreisen, die den Grund legten, zu späteren physikalischen Expeditionen.

Wie überhaupt ein entschiedener Zwiespalt die beiden Stämme der Jonier und Dorier von einanderhält, so trennen sich auch die philosophischen Schulen der Jonier, und die des Pythagoras. Wenn die Erkenntniß der Jonier mehr auf einer sinnlichen Anschauung beruht, so finden wir bei
[53r] den Doriern ein tieferes, | ernsteres Streben, auf den Ursprung der Dinge zurückzugehen.

Thales, der Stifter der jonischen Schule erkannte in dem Wasser das Prinzip aller Dinge, und nach ihm war die Erde aus dem Urfeuchten hervorgegangen. Anaximenes meinte dagegen alles sey aus der Luft entstanden, und Anaximander nahm einen Grundstoff an, zwischen dem Feuchten und der Luft. – Wir finden in dieser Schule die Idee der Verdichtung und Verdünnung ausgesprochen, folglich schon den Begriff der Attraction und Repulsion. – Empedocles behauptete die Gleichartigkeit aller Materie, und bezeichnete die zuerst von ihm aufgestellten 4 Elemente als einen Zustand der Materie. Diese 4 Elemente haben durch viele Jahrhunderte sich erhalten, und erst in der neuesten Zeit ist es mit Mühe gelungen, sich davon los zu machen.

Es darf nicht übergangen werden, daß die jonische Schule in manchen Einzelheiten sehr richtige Beobachtungen angestellt hat. So untersuchte Diogenes von Apollonia die Respiration der Fische, und gelangte zu einem ganz richtigen Resultate. – Thales mag sich lange in Aegypten aufgehalten, und von den dortigen Priestern seine astronomischen Kenntniße mitgetheilt erhalten haben. Von ihm soll die Bestimmung des beweglichen Sonnenjahres herrühren, und sogar eine Sonnenfinsterniß vorausgesagt, oder errathen worden seyn. Die Verfinsterung trat ein, während die berühmte Schlacht am Halys, zwischen den Medern und Lydern statt fand, die mit der Flucht der durch das unerwartete Naturereigniß erschreckten Lyder endete.

Anaximander soll die ersten Sonnen-Uhren aus Babylon nach Griechenland gebracht haben, wobei ich anmerken will, daß noch zur Zeit des Aristophanes, die | Eintheilung [53v]
der Zeit auf keine andere Weise bestimmt werden konnte, und daß wichtige Geschäfte, Einladungen zum Mittages-

sen, danach festgesetzt wurden, daß der Schatten 7 oder 8′ Länge haben werde.

Die Schule des Pythagoras, welche durch Pherecydes mit der jonischen Schule zusammenhangt, liefert uns das erste Beispiel von einem weitverbreiteten Bunde, dessen Mitglieder sich überall zusammenfanden. Das sicherste und beste über die merkwürdige Erscheinung des Pythagoras, und über seine Lehre finden wir von seinem Schüler Philolaus aufgezeichnet. Hiernach läßt sich aussprechen, daß die Philosophie des Pythagoras eine Philosophie der Maaße, und der Harmonie war: der erste Versuch des menschlichen Geistes, das numerische Element auf die Naturkunde anzuwenden, womit eine mathematische Symbolik in Verbindung stand.

Eine Eigenthümlichkeit dieser Gesellschaft war, daß auch Frauen an dem pythagoreischen Bunde Theil nehmen konnten.

Nach Philolaus befindet sich in der Mitte des Weltgebäudes ein großer Weltheerd: die Sonne ist ein Spiegel, welcher die Strahlen des Centralfeuers auf die Erde reflectirt. Die Ecclipsen werden durch eine Gegenerde (Antichthon) bewirkt, welche man später mit Amerika verwechselt hat. – Die Persönlichkeit des Pythagoras ist sehr ungewiß. Der Stifter dieser Schule wurde in der Folgezeit bei den Gnostikern und Neuplatonikern, zu einer völlig mythischen Person, indem man ihn bald mit seinem goldnen Schenkel Wunder thun lies, bald ihn zu den Hyperboreern und Druiden hinaufführte. – Die Neupythagoräer, welche bis in die christlichen Zeiten reichen, haben wenig von der ursprünglichen

Lehre erhalten. So stellt Plutarch den Pythagoras mit Numa zusammen, obgleich es er-|wiesen, daß fast ein Jahrhundert zwischen ihnen liegt. [54r]

Es ist nicht zu läugnen, daß dies System einen merkwürdigen Einfluß auf die Entwickelung der Folgezeit gehabt, und eingewirkt hat, auf zwei der größten Geister auf Copernicus und Keppler.

Wenn wir nunmehr übergehen zu den Ansichten welche Platon später entwickelte, so können wir nicht umhin den ungemeinen Scharfsinn zu bewundern, der ihn den Zusammenhang vieler Naturphänomene erkennen ließ. Besonders auffallend sind seine klaren Begriffe über die innere Verbindung der vulkanischen Erscheinungen, deren Entstehen er schon damals von kleinen localen Wirkungen unabhängig erklärte. Er stellte die Behauptung auf, daß im Innern der Erde ein Feuerstrom, der Pyrophlegeton, vorhanden sey, der durch die Vulkane mit der äußern Lufthülle in Verbindung stehe. – Diese Vorstellung ist später häufig mißverstanden worden; aber unstreitig liegt sie unserer heutigen Theorie, von der nach Innen zunehmenden Wärme, und einem glühenden Erdkern zum Grunde. – Auch über die äußere Gestaltung der Erdrinde hatte Platon großartige Ansichten, und betrachtete zum Beispiel das mittelländische und schwarze Meer, von den Säulen des Hercules bis zu dem Phasis, als ein großes Becken, eine Niederung, woran die Griechen, wie er sich spöttisch ausdrückte, gleich Fröschen wohnten. – Sogar der erste Ursprung der neuesten Wissenschaft, der Krystallographie läßt sich beim Platon nachweisen, indem er die Bemerkung machte, daß die Flä-

chen polyedrischer Körper unter bestimmten Winkeln an-
[54v] einanderstoßen, und er darin ei- | nen Unterscheidungsgrund derselben auffand. Auch die Gebirgsarten trennt er in zwei verschiedene Gruppen, indem er ihren Ursprung zum Theil aus dem Wasser, zum Theil aus dem Feuer herleitet.

Den 2ten großen Hauptmoment in der Entwickelungsgeschichte des menschlichen Geistes bezeichnet der Zug Alexander's, der um so mehr Veranlaßung wurde, eine großartigere Ansicht der Natur zu gewähren, als früher der Horizont sehr beengt, und der Verbreitung allgemeinerer Naturkenntnisse wenig günstig gewesen war. Selbst die innerhalb eines beschränkten Raumes unternommenen Reisen wirkten eher nachtheilig, indem besonders der Anblick von Aegypten zu mannigfaltig falschen Annahmen verleitete. Das enge Flußthal, die Delta-Bildung am Ausfluß des Nil, das Steigen und Fallen des Flusses, die etesischen Winde, alles dies sind Localphänomene, die nur irrthümlich auf dem ganzen Erdkörper in ähnlicher Art vermuthet werden können.

Vor Alexanders Zuge kannten die Hellenen die Tropenproducte nur durch den Handel, und obgleich Alexander die Tropenklimate nicht eigentlich berührte, so lernten doch die Griechen eine Menge tropischer Erzeugnisse an Ort und Stelle kennen. Die Länder am Indus haben einen Continental-Zusammenhang mit Indien, und eben die Continuirlichkeit dieser Erstreckung vermehrt die Wärme unter diesen Breiten, und läßt die Producte ursprünglich heißerer Zonen in ihnen gedeihen. – Früher hatte Ctesias in seinem Lügenbuche zuerst die persischen Wunder gepriesen; wenn er nach der Art mancher Reisender, der Wahrheit auch oft zu Nahe trat, so hat er doch das Verdienst die Griechen auf viele Tropenproducte aufmerksam gemacht zu haben. –

Herr von Schlegel stellt selbst die Vermuthung auf, daß [55r]
die Lesung des Ctesias den Alexander vielleicht zu seinem großen Zuge veranlaßt haben möchte.

Es sind uns so viele Relationen von diesem Zuge aufbehalten worden, daß wir im Stande sind ihn genau zu verfolgen. – Zu den neuen Gegenständen welche die Aufmerksamkeit der Griechen besonders erregten, gehörten Bäume, von einer solchen Höhe, daß die Pfeile nicht bis zu ihrem Gipfel hinauf reichten. Sie fanden ferner die Frucht der Bananen, und eine Menge fremdartiger Thiergestalten. (Ich will hier die geistreiche Bemerkung des eben erwähnten Gelehrten, Herrn von Schlegel, einschalten, der in dem mit seltsamen Thieren überladenen Indien, die Ornamente ihrer Architectur nach Thieren gebildet findet, wogegen in dem bewässerten, pflanzenreichen Aegypten die Formen von den Pflanzen entlehnt sind.)

Am Indus sahen sie zuerst Elephanten, die als titanische Ochsen angeführt wurden. In der Schlacht bei Arbela geriethen 15 Streit-Elephanten des Darius in die Gewalt der Griechen, und es ist nicht unwahrscheinlich, daß eben diese Elephanten später von Pirrhus nach Italien übergeführt wurden.

– Auch die Monson-Winde erregten Aufmerksamkeit, welche in bestimmten Jahreszeiten, nach entgegengesetzten Richtungen wehend, der Schiffahrt vom südlichen Afrika nach Ostindien bald hinderlich, bald förderlich sind. –

Nearch glaubte im Indus den Nil zu erkennen – nicht blos wegen der Krokodille welche man diesem Flusse allein eigen wähnte, sondern hauptsächlich des periodischen Steigens und Fallens wegen, das man fälschlich von dem geschmolzenen Schnee, nicht aber von den tropischen Regengüssen herleitete.

[55v] Was die Menschenracen betrifft so bemerkte man in Indien zuerst, daß nicht alle Aethiopen gleicher Farbe und Gestalt sind, sondern sich in verschiedene Stämme theilen. Wie jetzt, kam man schon damals auf die Vermuthung, daß das Klima Einfluß auf das Menschengeschlecht übe, und schrieb es der Wirkung der feuchten Luft zu, daß die Negerartigen Völker in Indien kein Wollhaar haben.

Alexander selbst drang nicht bis in das eigentlich cultivirte und sehr bevölkerte Indien vor, wohl aber nach ihm Seleucus Nicator, der einen gewaltigen Eroberungszug von Babylon bis an den Ganges unternahm, von welchem er unter andern 500 Elephanten mit zurückbrachte. Auffallend ist es, daß die Griechen damals nicht die indischen Zahlen kennen gelernt haben, welche so sehr viel später, wahrscheinlich über Persien nach Arabien eingewandert, und erst im 13ten Jahrhundert durch die Araber nach Europa gebracht worden sind. Wie wichtig die Erfindung war, durch 9 Zeichen, und den Werth der Position alle möglichen Gruppen von Zahlen auszudrücken, wird dann besonders klar, wenn man bedenkt, wie beschwerlich die römischen Zahlen, durch ihre Juxtaposition die kleinste Rechnung machen, und wie man, so lange man sich derselben bediente, in der Arithmetik unmöglich vorwärts kommen konnte.

Daß die Griechen viel von den Chaldäern in der Himmelskunde lernten, ist um so wahrscheinlicher als in Babylon eine eigne Priesterkaste, die den Belus-Tempel bewohnte fast ausschließend mit astronomischen Beobachtungen beschäftigt war. Die wunderliche Architektur des Gebäudes, das dieser Zunftgenossenschaft zum Wohnsitz diente, hat ein besonderes historisches Interresse. | Eine Himmelhohe [56r]
Treppen-Pyramide diente zu gleicher Zeit zum Grabmal, zur Sternwarte, und zum Tempel, und läßt uns den berühmten Thurm zu Babel nicht verkennen. – Merkwürdig ist, daß derselbe Typus der Architektur sich in Amerika wieder findet, und daß den zu Anfang des 16ten Jahrhunderts in Mexico aufgeführten Tempel-Gebäuden eine ganz ähnliche Idee zu Grunde liegt.

Wohl mit die schönste Frucht der Züge des Alexander, ist das Werk des Aristoteles. Wenn wir auch nicht annehmen wollen, daß, wie Plinius erzählt, 1000 Vogelfänger und Schützen im Heere Alexander's angestellt gewesen, um alles bemerkenswerthe für ihn einzusammeln, so müssen wir doch ein reiches Ergebniß dieser Bestrebungen anerkennen. Indeß hat Aristoteles unverkennbar die Tendenz eine nüchterne Naturbeschreibung an die Stelle des Gedankens von der Einheit der Natur zu setzen. – Sein Hauptwerk ist die Naturgeschichte, in der sich der Geist des Sammelns, der ihm vor allen eigen ist, besonders ausspricht. Auf seiner schönen Villa hatte er für die damalige Zeit eine gewiß einzige Naturalien-Sammlung, auf die Alexander 500 Talente gewandt haben soll.

Später wurde in Alexandrien nach diesem Muster ein

Museum angelegt, dem bald eine Bibliothek folgte. In vielen Städten Vorderasiens wurden ebenfalls Bibliotheken zusammengebracht, so daß selbst ein Mangel an Papyrus entstand, dessen Ausfuhr in Aegypten man zu verbieten sich veranlaßt sahe.

Unter den um die Naturwissenschaft verdienten römischen Schriftstellern nimmt Strabo eine ausgezeichnete Stelle ein, der in Augustus Gefolge die meisten Provinzen des römischen Reiches durchwanderte: wir haben von
[56v] ihm | eine physische Erdbeschreibung, in der vortreffliche Beobachtungen enthalten sind.

Plinius 37 Bücher gehören zu den großartigsten Unternehmungen der alten Welt, in wissenschaftlicher Hinsicht. Der Plan des Werks war jedoch zu umfassend angelegt, um in allen Theilen auf gleiche Vollendung Anspruch machen zu können. Ich will hier nur erwähnen, daß Plinius unter andern die Meinung bestimmt ausspricht: daß ein gemäßigtes Klima die Ausbildung des menschlichen Geistes am meisten begünstige, während zu große Kälte an den Polen ihn austrockne, zu große Hitze unter den Tropen ihn versenge.

Unter Hadrian kam der ganze Wust der morgenländischen Theosophie, mit den Neuplatonikern und Gnostikern nach Rom, während vom Kaiser besonders die aegyptischen Religionen begünstigt wurden. – Von den Gnostikern kann man annehmen, daß sie wieder auf die Idee von der Einheit der Natur zurückführten. Es ist gewiß daß sie Chemie studirten, und manche schöne Entdeckung machten. Sie lernten hierin von den Phöniziern und Aegyptern, von denen es bekannt ist, daß sie sich ganz besonders mit dem Studium der Natur der Stoffe beschäftigten: so wie denn auch vieles was man in den aegyptischen Gräbern findet, eine tiefe chemische Kenntniß verräth, wovon wir uns durch die schöne Sammlung des Herrn Passalaqua überzeugen können, deren Besitz wir der Munifizenz des Königs danken.

Vom Caligula weiß man, daß er eine große Neigung zur Goldmacherei hatte, und aus dem Schwefelarsenik das edle Metall herzustellen glaubte.

Beiläufig möge hier die Etymologie des Wortes Chemie eine Stelle finden. Plutarch erwähnt zuerst Χημεῖα, indem er damit Aegypten bezeichnet, als das | Land des Cham. Auf [57r]
dem berühmten Rosettaschen Stein, dessen Inschrift den ersten Schlüssel zur Entzifferung der aegyptischen Charaktere gegeben hat, findet sich das Wort stets um damit Aegypten auszudrücken. Da nun auf Koptisch mit demselben Ausdruck der Begriff schwarz bezeichnet wird, so scheint Chemie, aegyptische Kunst, schwarze Kunst vollkommen gleichbedeutend.

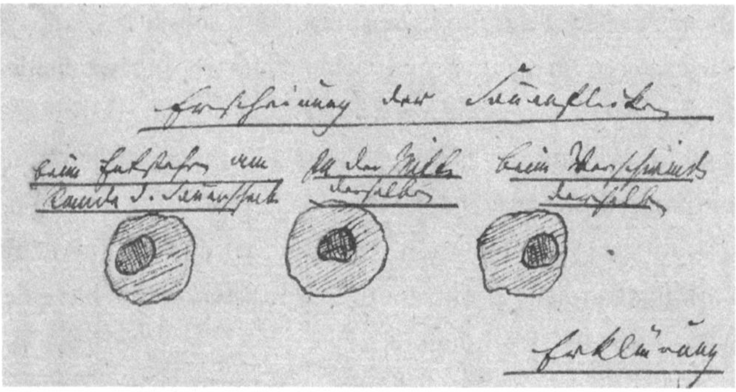

Abb. 20: Gotthilf Patzig: »Erscheinung der Sonnenflecken: Beim Entstehen am Rande der Soñenfläche – In der Mitte derselben – Beim Verschwinden derselben«. Abbildung und unten stehendes Zitat aus Patzigs Nachschrift der ›Kosmos-Vorträge‹ an der Berliner Universität (Patzig 1827/28, S. 125f.)

»Ich habe diese Flecken selbst lange beobachtet und gefunden daß sie kohlschwarz sind, von einem Halbschatten oder aschfarbenen Rande umgeben; rund um dieselben befinden sich helle Lichtadern. Die Flecken entfernen sich vom Aequator nicht weiter als etwa 30°. Es erscheinen zuerst helle Lichtfackeln und alsdañ kom̃t nach zwei Stunden ein schwarzer Flekken. Der ihn umgebende Halbschatten ist vollkommen begrenzt. Es war von Professor Huyzon 1773. eine feine Beobachtung, daß die Penumbra, weñ der Flecken mitten in der Soñe steht, gleich groß ist, an einer Seite beim Entstehen des Flecken schmale und auf der andern breiter erscheint und dies beim Verschwinden desselben der umgekehrte Fall ist. Die nebenstehende Figur wird dies verdeutlichen.«

13. VORTRAG,
6. März 1828

3. Die Züge der Araber nach Osten und Westen. –

Ihre Kenntnisse. – die Hascheniden und Abassiden. – Harun al Raschid. – die Om̄ajaden in Spanien. Entdeckungen derselben. – die indischen Zahlen. – Chemische Solutionen. – Alphons X in Spanien. – Raim. Lullus. – Baco.

4. Die Entdeckung Amerikas. –

Erfindung der Buchdruckerkunst 1436. – Classische Litteratur. – Skandinavische Schiffer entdecken bereits 1003 Neufundland. – Reisen der Brüder Zeen nach den vereinigten Staaten 1390. – Landreisen des Marco Polo. – des Kopernikus Weltsystem 1543. – Entdeckungen die man in Folge der Völkerzüge nach Amerika macht. – Menschenracen. Thiere und Pflanzen. – Vulkane. – südlicher Him̄el. –

5. Die Erfindung neuer Organe zur Naturbeobachtung. –

das Fernrohr 1590. das Thermometer 1660. das Barometer 1643. – die Analysis des Unendlichen.

6. Cooks Weltumseeglung. –

Entdeckungen seit dieser Zeit. –

Wenn in den Zeiten unter den spätern Kaisern, die aufkeimende würdigere Ansicht der Natur, durch mannigfaltige mythische Ideen verdunkelt wurde, wenn gehässige Streitigkeiten über religiöse Gegenstände, und allgemeine Unduldsamkeit viel zur Schwächung des römischen Reiches beitrugen, so verbreiteten die nachfolgenden Einfälle der Barbaren vollends eine tiefe Nacht über das Abendland, während Griechenland, obgleich denselben Mängeln unterliegend, sich doch einen Schein des Lichts bewahrte.

Die 3te Epoche wird durch den Einfall der Araber bezeichnet, durch welchen ohne Zweifel die in Schwachheit versunkene Welt wieder aufgefrischt worden ist. – Die Araber waren ein wandernder semitischer Stamm, und warfen sich, nachdem sie 50 Jahr erobernd in Arabien umhergezogen, zuerst auf Aegypten. (Es muß bemerkt werden, daß wohl schon viel früher eine ähnliche Invasion statt gefunden. Herr General Rühle von Lilienstern hat es wahrscheinlich gemacht, daß die uralten Hyksos nichts anderes waren, als ein erobernder semitischer Stamm der Perser oder Meder.) Kaum aber haben sie ihre vaterländischen Gränzen verlassen, so verbreiten sie sich mit solcher Schnelligkeit, daß in unbegreiflich kurzer Zeit von den Ufern des Ganges, bis an die Säulen des Hercules, alle Völkerschaften ihnen unter-|than sind. Sie selbst vergleichen sich in ihren Gedich- [57v]
ten einem Wolkenzuge, der an den Bergen lagert, um jeder neuen Richtung des Windes zu folgen.

Um die Araber kurz zu charakterisiren, so kann man sie im Allgemeinen unwissend nennen, aber nicht roh. Einzelne unter ihnen zeichnen sich aus durch eine große Liebe zur Natur, die sie gründlicher zu untersuchen anfangen, und man möchte die Art unserer heutigen Naturbeobachtung von den Arabern datiren. Früh schon, vor Mohamed hatten griechische Aerzte aus der Schule von Edessa und Athen wissenschaftliche Kenntnisse unter ihnen verbreitet, und die Dichtkunst hatte selbst eine schöne Blüthe erreicht. Zu Mecca und Okkadh waren im 5ten Jahrhundert lyrische Kampfspiele angeordnet, die nicht unähnlich den olympischen, zu gewissen bestimmten Zeiten gehalten wurden. Die Gedichte denen man den Preis zuerkannte, wurden mit goldnen Buchstaben auf Byssus geschrieben, und in der Caaba zu Mecca aufgehängt. (Von Antara ist eine der 7 Moallakah, und Hamaza Heldenlieder sind kürzlich von Prof. Freitag in Bonn edirt worden.)

Den höchsten Flor des Reichs kann man unter den Hascheniden und Abbassiden annehmen. Al-Manzur, ein Chalif der letzteren Dynastie erbaute Bagdad (762) zur Residenz, wo unter dem großen Harun-al-Raschid, gelehrte Schulen gestiftet wurden, so wie auch zu Mosul. Diese erhielten ihren ersten Glanz durch griechische Flüchtlinge, die wegen orthodoxer Verfolgungen ihr Vaterland aufzugeben, sich gezwungen sahen. So muß es denn dankbar erkannt werden, daß Griechenland, die alte Wiege abendländischer Kultur, von jeher, selbst im Stande der tiefsten Versunkenheit,
[58r] Strahlen der Civilisation nach | allen Seiten ausgesendet hat.

Harun-al-Raschid ließ die Werke der berühmtesten griechischen Gelehrten ins Arabische übersetzen, durch einen eignen Uebersetzer-Ausschuß, der diese Uebertragungen durch viele Abschriften verbreitete. Einer seiner Nachfolger, der Khalif Al Mamum machte es zur Bedingung eines Friedensschlusses, daß der griechische Kaiser ihm mehrere ausgezeichnete Manuscripte, (den Almagest des Ptolomaeus) überlassen mußte. –

Mit der Dynastie der Abbassiden wetteiferte die der Ommajaden in Spanien. Was Bagdad in Asien, war die hohe Schule von Cordova für Europa, wo denn überhaupt im 10ten Jahrhundert die Araber die Stütze der Litteratur wurden. – In Astronomie, Geographie, Medicin und Physik hat ihr Fleiß sehr glücklich und nützlich gewirkt, und noch zeugt manches arabische Kunstwort von ihrem Einfluß, selbst auf unsere heutige Kultur. Namentlich trägt der Himmel die Spuren ihrer Herschaft, indem die meisten Constellationen arabische Benennungen haben. – Schon früher ist erwähnt worden, daß die indischen Zahlzeichen durch die Araber in Europa eingeführt wurden, die höchst wahrscheinlich im 13ten Jahrhundert über Persien ihnen zugekommen waren. Erst im 14ten Jahrhundert wurden diese Ziffern, nach ihren Verbreitern die Arabischen genannt, durch den Handel der Genueser und Venetianer allgemeiner bekannt. Das erste Document in dem die Bezeichnung der Jahreszahl auf diese Weise vorkommt ist ein Brief des Petrarca über den heiligen Augustinus, vom Jahre 1373.

Zu ihren wichtigsten chemischen Entdeckungen gehört die Auffindung der | Säuren: sie kannten die Salpetersäure, [58v] und das Königswasser, deren Entdeckung man fälschlich dem Raimundus Lullus zuschreibt: sie gebührt dem großen Abelmoussa Schafr el Saffa. (?)

Auch die Kunst des destillirens sind wir den Arabern schuldig: sie verfertigten Alkohol und Naphta, und kannten das Quecksilberoxyd.

Wir bemerken 2 Reflexe des arabischen, wissenschaftlichen Lichtes; den einen nach Osten hin, gegen die Mongolen, wo ein Enkel des Timur zu Samarkand einen Sternkatalog anfertigen ließ: den andern im Westen, wo in Spanien Alphons X. (1252-1284, mit einer Toleranz, die man jetzt kaum begreifen würde) zu Toledo einen Congreß von christlichen, jüdischen und saracenischen Astronomen vereinigte, durch welche die berühmten alphonsinischen Tafeln ausgearbeitet wurden. – Der Historiker Mariana sagt von diesem Könige: er verlor die Erde, indem er zu viel nach den Sternen sah.

Die glänzende Epoche der arabischen Herschaft beginnt 640 mit der Eroberung von Aegypten, und schließt 1236 mit der Eroberung von Cordova durch Ferdinand III.

Einen schwachen Abglanz der arabischen wissenschaftlichen Bestrebungen finden wir bei dem Spanier Raimundus Lullus aus Majorca, in dessen Schriften aber ein mystischer Spuk vorherrscht, den er die: ars magna, nennt. Bei weitem höher steht Roger Baco, ein englischer Mönch des 13ten Jahrhunderts, der durch die Kraft seines Genie's sich weit über sein Zeitalter erhob, und in mehreren Wissenschaften Entdeckungen machte, welche die Bewunderung
[59r] der Nachwelt ver-|dienen. Man kann sagen, daß von ihm

eine völlige Reform der Naturlehre ausging. Der Zauberei angeklagt, und von dem General des Franziskaner-Ordens verfolgt, mußte er viele Jahre seines Lebens im Kerker schmachten.

Wenn hier abermals ein sichtbarer Ruhepunkt eintritt in der Geschichte menschlicher Bestrebungen in Erkenntniß eines Naturganzen, so ist doch der organische Zusammenhang nicht zu übersehen, wie sich allgemach die wichtige 4te Epoche vorbereitete, welche wir mit der Entdeckung von Amerika bezeichnen. Gleichzeitig mit dem Aufblühen des Handels der italienischen Freistaaten, datirt die für das Vorschreiten der Wissenschaften merkwürdigste Erfindung der Buchdruckerkunst (1436) und ein allgemeiner erwachendes Interresse für die klassische Litteratur. Die Verbindung zwischen Griechenland und Italien war nie ganz aufgehoben gewesen: wie denn Apulien und Calabrien noch lange unter byzantinischer Herrschaft blieb. Der normännische König Robert von Neapel schickte 1453 eigne Gesandte nach Constantinopel, um von dorther Handschriften von guten Autoren zu erlangen. – Wir erinnern uns hier besonders an die Namen: Petrarca, Boccaccio, Lascaris, Poliziano, Bessarion – Männer die sich besonders ausgezeichnet haben im Kampf gegen die Scholastiker, und durch deren Bestrebungen die allgemeine Schätzung der klassischen Litteratur so sehr befördert worden ist, um deren Erwekkung sich auch die Academie der Medicäer zu Florenz Verdienste erworben hat. – Durchaus ungegründet ist die Behauptung, daß das Studium der klassischen Autoren von dem der Natur abgeführt habe, vielmehr danken wir dem

[59v] erwachten Sinn für die Klassiker, die erneuerte Keñt-|niß vieler einzelner Zweige der Wissenschaft, deren Horizont durch materielle geographische Entdeckungen sich so sehr erweitern sollte.

Schon im Jahre 1003 waren scandinavische Schiffer nach New-foundland gekommen, wo sie eine Art Weinstock (unserer Vitis vinifera zum Verwechseln ähnlich) gefunden hatten, wonach sie dem ganzen Lande den Namen Wienland gaben. Später im Jahre 1390 besuchten die Brüder Zeen den großen westlichen Continent, und obgleich ihre Nachrichten von den einzelnen Ländern dunkel und verworren sind, so kann man doch mit Gewißheit annehmen, daß sie einen Theil der vereinigten Staaten müssen gesehen haben. – Frühere ausgedehnte Landreisen, besonders nach Asien hin, hatten mit der großen Erstreckung unserer Erdhälfte gegen Osten bekannt gemacht, und auf die Annahme der Rundung der Erde geführt. Die meisten dieser Reisen, von Mönchen unternommen, waren großentheils ohne bedeutendes Ergebniß für die Naturwissenschaft geblieben, mit Ausnahme derjenigen des Venezianers Marco Polo, der nicht nur die nördlichen Theile von Asien bereiste, sondern auch seinen Rückweg durch das Tropenklima von Jawa und Sumatra nahm. Es war dies ein zuvor ungebildeter, aber geistreicher Mann, der interressante naturhistorische Bemerkungen gemacht hat, und unter andern auf den hohen Bergen der Bucharei den verminderten Luftdruck erkannte, und die Schwierigkeit auf diesen Höhen Feuer anzuzünden.

Aber wie unbedeutend ist der Einfluß einzelner Reisender, im Vergleich mit dem Leben großer Heere, ja ganzer Völker, die nach Entdeckung des neuen Continentes nach Amerika hinüberzogen, und Städte gründeten auf Höhen, | die [60r] selbst unter dem Aequator die Schneegrenze erreichen.

Merkwürdig, und unstreitig einwirkend ist es, daß um dieselbe Zeit dieser wichtigen Entdeckung die schönsten Gebilde der griechischen Kunst, aus dem Schooße der Erde ans Licht kamen, und aus ihren Gräbern wieder hervorgingen. Von 1498-1506 fand man den Laocoon, den Apoll und den Torso. Gleichzeitig mußten auch Luther und Calvin auftreten, um dem menschlichen Geschlechte eine neue Geistes-Freiheit und -Stärke, (denn beide sind eins) zu erwerben.

Copernicus neues Weltsystem wurde erst kurz vor dem Tode des großen Mannes bekannt, um das Jahr 1543, obgleich es erwiesen ist, daß er es ungleich früher vollendet hatte. Bei seiner gründlichen Bekanntschaft mit dem klassischen Alterthume hatte er gefunden, daß mehrere alte Schriftsteller, wie Nicetas, Ecphontes pp. von einer Bewegung der Erde reden, und wenn dies auch auf eine leere, nichts sagende Weise geschieht, so hatte er doch darin Veranlaßung gefunden näher darüber nachzudenken. Er glaubte nur das System des Philolaus herzustellen, obgleich dieser keinesweges die Sonne, sondern einen großen Weltheerd als Mittelpunkt des Weltgebäudes annahm. Besonders begeisterte ihn, wie Prof. Ideler nachgewiesen hat, eine Stelle aus dem Werke des Martianus Capella, der den Mercur und die Venus um die Sonne kreisen läßt. Die dem System des Copernicus analogste Stelle, die bei den Alten über die Bewegung der Erde vorkommt, die vom Aristarch von Samos kann er nicht einmal gekannt haben. Sie steht im Arenarius des Archimedes, der nach Ideler, erst ein Jahr nach des Copernicus Tode zu Venedig herauskam.

[60v] Diese vorbereitende Entwickelung, wie diese gleichzeitigen Erscheinungen bezeichnen die Entdeckung der neuen Erdhälfte, als die merkwürdigste Epoche in der Geschichte des menschlichen Geistes, und von hier an datirt eben so wohl im Allgemeinen eine großartigere Ansicht der Natur, als insbesondere die Ausbildung einer eigentlichen physicalischen Geographie. – Eine Menge neuer Erscheinungen boten sich den Ankömlingen in Amerika dar. Man fand einen großen Continent, von ununterbrochener Erstreckung, in dem unter dem Aequator Schnee auf den Bergen liegt. Dies führte auf eine genauere Bestimmung der unteren Schneegränze in den verschiedenen Klimaten, die man nach ihrer relativen Höhe über dem Meere unterscheiden lernte; so wie man auch die Pflanzen- und Thierformen verschieden fand, je nach der Höhe und Breite unter der sie vorkommen. Man warf die Frage auf, warum Amerika unter dem Gleicher nicht so heiß sei als Afrika, und ob in seiner ganzen Erstrekkung es nirgend von Negern bewohnt werde? Man fand, daß seine Einwohner einen abgeschlossenen Menschenstamm ausmachen, der zwar unter sich verschieden, durch einen eigenthümlichen Bau der Backenknochen übereinstimmt, noch mehr aber durch eine gewisse grammatische Analogie der Sprache verbunden ist, in denen man bald semitische, bald sogar baskische Anklänge zu vernehmen glaubte. Alles dies mußte gründliche Untersuchungen über die Menschenracen anregen, und verbreiten. Ganz besonders be-

schäftigte damals die Frage, die noch jetzt der Gegenstand von Untersuchungen ist, von woher die erste Bevölkerung dieses Erdtheils an Menschen und Thieren gekommen, und ob eine Einwanderung vom nördlichen Asien her wahrscheinlich sey? Ein sonst geistreicher Schriftsteller glaub-|te, [61r]
um das Ueberkommen der reißenden Thiere zu erklären, zu der Annahme genöthigt zu seyn, daß sie als ganz kleine Thiere in denselben Böten, worin die Menschen kamen, mit eingeschifft worden wären.

Mit der Entwickelung so vieler anderer Kenntniße eröffnete sich auch eine neue Ansicht über die Natur des vulkanischen Feuers. Noch nirgend hatte man so lange Reihen von Vulkanen gesehen, wie hier in der Andeskette, wo die Ausbrüche der innen wirkenden Kräfte bald auf dem Rükken derselben statt finden, bald am Fuße der Gebirge, wie in der Central-Republik Guatemala. – Ebenfalls wurde man damals aufmerksam auf die Strömungen der Meere, namentlich auf den mehrmals erwähnten Golphstrom, der sich von den Antillen bis nach Norwegen und Ireland erstreckt, und von dem Petrus Martyr de Anghiera in seiner Oceanica eine eben so lebhafte als gründliche Beschreibung giebt.

Ein ganz neuer Himmel zeigte sich dem erstaunten Europäer. Man sah die Magellanischen Wolken, die mit dem Glanz der Milchstraße den südlichen Pol umkreisen, so wie jene schwarzen Flecken, Kohlensäcke, genannt, die zu so mannigfaltigen Hypothesen Anlaß gegeben haben. Aber keine der Constellationen war geeigneter einen lebhaften Eindruck auf die Phantasie zu machen, als das südliche Kreuz, das erst mit der Entdeckung von Amerika den nördlichen

Völkern bekannt wurde. – Ich will hierbei der erhabenen Stelle des Dante im Purgatorio erwähnen, die von den berühmtesten Commentatoren auf dieses Sternbild bezogen worden:

[61v] Io mi volsi a man destra, e posi mente
All altro polo, e vidi quattro stelle
Non viste mai fuor, ch'alla prima gente.
Goder parea 'l ciel di lor fiamelle.
O settentrional vedovo sito,
Poi che privato se' di mirar quelle!

Denn obgleich Dante 1321 starb, so konnte er doch durch Venezianische und Genuesische Schiffer die im arabischen Meerbusen Handel trieben, Nachricht von diesem Sternbilde bekommen haben, das in jenen Gegenden allerdings sichtbar ist.

Wie mächtig die Entdeckung von Amerika auf die Gemüther der Zeitgenossen eingewirkt hat, wie mit nichts anderm vergleichbar der Eindruck gewesen, welchen sie hervorbrachte, davon finden wir die Spuren in allen gleichzeitigen Schriftstellern. Zwei Bücher jedoch sind als besonders reichhaltig anzuführen für denjenigen der sich einen Begriff machen will von den Umwälzungen in den wissenschaftlichen Ansichten, welche als Folge dieser großen Begebenheit zu betrachten sind. Acosta's Naturgeschichte ist für die Geographie besonders wichtig, wogegen Pet. Mart. de Anghiera besonders die klimatischen Verhältnisse berücksichtigt. Letzterer ein Geheimschreiber Carl V hatte den Columbus persönlich gekannt, und von ihm ist uns ein Brief aufbehalten, vom Januar 1493, in dem er mit gleicher Lebendigkeit und Würde des Ausdrucks den Eindruck schildert, welchen die Nachrichten von dem Umfange und der Wichtigkeit der großen Entdeckungen, auf ihn und seine Freunde hervorgebracht hatten.

Daß um dieselbe Zeit die ergraute scholastisch-dogmatische Philosophie, welche jeder freieren Untersuchung die lähmendsten Fesseln angelegt hatte, einer rei-|neren Na- [62r]
turanschauung weichen mußte, ist unstreitig mehr dem fortrückenden Geist der Zeit, als dem Einflusse einzelner Männer zuzuschreiben. Doch verdienen hier 3 derselben genannt zu werden, deren Wirken und Schriften von dem entschiedensten Einflusse waren. 1. Giordano Bruno, ein Pantheist, der sich zuerst das copernikanische System aneignete, zu London, Paris und Wittenberg Naturwissenschaften lehrte, und das sonderbare Schicksal hatte, von Calvin verketzert, und von der Inquisition in Venedig verbrannt zu werden. 2. der Kanzler Baco von Verulam einer der ausgezeichnetsten Geister, deren ein Zeitalter sich zu rühmen hat: der es fühlte und darthat, daß in allen Zweigen der positiven Wissenschaft, der einzige Weg zur Wahrheit die Beobachtung der Natur sey. 3. der Italiener Campanella der durch Beobachtungen und Versuche sich um die Wissenschaft ganz besonders verdient gemacht hat.

Die 5te Epoche von 1590-1643 ist durch die Entdeckungen neuer physikalischer Instrumente bezeichnet, welche der sinnlichen Beobachtung, (mit der natürlichen Stärke unserer Sinne) geschärftere Organe hinzufügte. Wir heben hier

insbesondere 4 Werkzeuge heraus, welche die Fortschritte der Wissenschaft merkwürdig gefördert haben: das Fernrohr, das Thermometer, das Barometer, und wenn es erlaubt ist eine der schönsten Entdeckungen ein Organ zu nennen, die Infinitesimal-Rechnung. – Das Fernrohr wurde 1590 von Janssen in Middelburg erfunden, und bis zum Jahre 1611 waren schon die wichtigsten Entdeckungen damit gemacht. Die Jupiterstrabanten waren aufgefunden, die Phasen der Venus beobachtet, und somit ein neuer Beweis für die Richtigkeit des Copernikanischen Weltsystems geführt. Das neblichte Ansehen der Milchstraße hatte vor dem Fernrohr sich
[62v] in unendliche | Sterne aufgelöst; der Ring des Saturn war entdeckt, und die Berge des Mondes wurden gemessen. Die Sonnenflecke führten auf die Kenntniß der Rotation des großen Weltkörpers, so wie die Anwendung des Fernrohrs bei astronomischen Winkelmessungen, eine früher stets mangelnde Genauigkeit erreichen ließ.

Das Thermometer 1660 von Drebbel in Alkmar erfunden, machte aufmerksam auf die Verschiedenheit der Klimate, und ihren Einfluß auf die allgemeinen Vegetationsverhältnisse. Doch erst als Réaumur hundert Jahr später dies Instrument durch die Bestimmung der beiden festen Punkte comparabel gemacht hatte, konnte man sich desselben bei klimatischen Untersuchungen mit Nutzen bedienen.

1643 erfand der große Torricelli das Barometer, und der geistreiche Philosoph Pascal wandte dasselbe auf die Messung der Berghöhen an. Es ist augenscheinlich daß das Barometer sehr viel zu einer genaueren Kenntniß der Erdoberfläche beigetragen hat, indem insbesondere die Anwendung dieses Instruments zu Höhenbestimmungen, uns mit der Lage vieler Länder und Städte bekannt gemacht hat, was durch trigonometrische Messungen weder so schnell, noch in diesem Umfange zu erreichen gewesen wäre. So zum Beispiel können wir mittelst des Barometers schnell bestimmen, daß München auf einem weiten plateau 1200′ über dem Meere gelegen ist, wogegen dieselbe Bestimmung durch Nivellement bis zum Meeresufer großen Kosten- und Zeit-Aufwand erfordern würde.

Das einflußreichste Organ aber ist unstreitig die Analysis des Unendlichen, zu gleicher Zeit entdeckt von Newton und Leibnitz. Die Anwendung derselben auf Physik und Astronomie war von der entschiedensten Wichtigkeit, und erscheint als eine der größten Begebenheiten in der Geschichte der physikalischen Wissenschaft, die von nun an, da auch die | Beobachtungen sich immer mehr häuften, mit [63r]
Riesenschritten vorwärts ging.

Je mehr wir uns aber der neueren Zeit nähern, um so schwerer wird es ein klares Bild von dem Vorschreiten in der Einsicht des Naturganzen zu unterwerfen, indem die Beobachtungen und Erfahrungen immer zahlreicher und wichtiger werden. Wenn wir uns aber streng daran binden das Gleichartige unter einem Gesichtspunkt zu vereinigen, so werden wir nicht anstehen, mit den Weltreisen Cook's die 6te Epoche, oder den letzten Ruhepunkt zu bezeichnen. Durch diese erste große nautische Expedition, die nicht blos auf Entdeckungen berechnet war, wurde die geographische Kunde des Erdkörpers in großen Maßen vollendet. Neu Holland wurde zwar nicht zuerst entdeckt, aber doch ein großer

Theil desselben umschifft und geographisch bestimmt. Die magnetischen Linien wurden nicht allein nach ihrer Declination, sondern auch nach ihrer Inclination genauer gezogen. Die Temperatur des Meeres, seine Tiefe und abnehmende Wärme wurde untersucht und festgestellt, und der jüngere Forster lieferte eine geistreiche Beschreibung, eben so der Sitten verschiedener Völker, als des phisiognomischen Anblicks der Pflanzen, und ihm gebührt das Verdienst alle diese Beobachtungen philosophisch zusammengefaßt, und in ein Naturbild vereinigt zu haben.

Was die Landreisen betrifft, so sind dieselben in den neusten Zeiten nicht so ausgedehnt gewesen, als im Mittelalter. Damals gehörte es nicht zu den Seltenheiten, wenn ein Europäer die äußerste Gränze von China erreichte, und von dort über Timbouctu nach Cordova gelangte: allein der Nutzen der neueren eingeschränkteren Landreisen ist ungleich bedeutender, schon in Rücksicht auf die zur Beobachtung geschärften Organe. Für Asien will ich nur insbesondere
[63v] nennen: | Gmelin, Niebuhr und Pallas; für Europa Saussure; für das Cap der guten Hoffnung Barrow und Lichtenstein. Durch die neueren Expeditionen in das Innere von Afrika von Hornemann, Burckhard, Denham und Clapperton sollten mehr geographische, als eigentlich physikalische Zwecke erreicht werden.

Die Gründung der Geognosie als Wissenschaft ist einzig das Ergebniß von Forschungen der neuesten Zeit. Durch die Verbindung der Zoologie und vergleichenden Anatomie mit der Geognosie, durch die Entdeckung der geognostischen Reisen, der relativen Folge der Erdschichten, ist man dahin gekommen die Gebirgsformationen mit Sicherheit zu bestimmen.

Den raumdurchdringenden Instrumenten von Herschel und Frauenhofer danken wir die Erweiterung unserer Ideen vom Weltbau, der täglich durch neue Entdeckungen in unserer Erkenntniß an räumlicher Ausdehnung gewinnt.

Die physikalischen Entdeckungen häufen sich in dem Maaße, daß es unmöglich wird hier auch nur einen allgemeinen Ueberblick derselben zu geben. Doch will ich der einflußreichen Voltaschen Säule erwähnen, einer der größten Entdeckungen des Jahrhunderts, die noch wichtiger wird, durch die Anwendung davon, welche Davy und Berzelius auf die Zerlegung der sonst einfach genannten Stoffe gemacht haben. Eben so will ich nur anführen, daß Oerstädt die Identität der electrischen und magnetischen Kraft nachgewiesen, und daß Malus und Arago uns zugleich mit der Polarisation des farbigen und unfarbigen Lichtes bekannt gemacht, und dadurch in den Stand gesetzt haben die physikalische Beschaffenheit der entferntesten Weltkörper zu untersuchen.

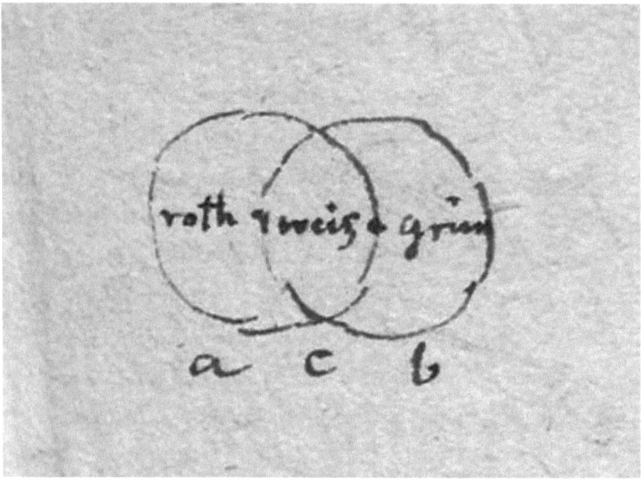

Abb. 21: Gustav Parthey: Skizze zur ›kolorierten Polarisation‹. Abbildung und unten stehendes Zitat aus Partheys Nachschrift der ›Kosmos-Vorträge‹ an der Berliner Universität (Parthey 1827/28, Bl. 104rf.).

»Ganz neuerlich ist indes ausgemacht, dass die Sonne in der Mitte eben so licht ist als an den Rändern; es wurde durch die kolorirte Polarisazion welche Arago entdekte, bewiesen; man sieht nämlich durch einen Bergkristall, dessen Seiten parallel dem Einfalswinkel der Stralen geschnitten sind, 2 Bilder in den Komplementarfarben z.B. roth und grün. Läst man nun 2 Sonnenbilder so aufeinander fallen, dass der Mittelpunkt des einen in die Peripherie des andern fält: wodurch man also Stralen aus der Mitte der Sonne und von dem Rande übereinanderbringt, so wird man in der Mitte bei c immer weis erhalten, zum Beweise, dass beide Stralen von gleicher Beschaffenheit und Stärke sind.«

14. VORTRAG,
13. März 1828

die voltaïsche Säule. – Optik. – Anwendung der elektrisch-magnetischen Kräfte. – Fortschritte in der Kenntniß des gestirnten Him̄els. – Nordlicht. – Leuchten der Erde. lichthemmender Aether. – Vortheile der Sternbeobachtungen. – Polygonalfiguren der Sterne. – Funkeln derselben. – Farben des Regenbogens. – Biegung der Lichtstrahlen. –

Die Weltansicht, als Product der menschlichen Intelligenz, hat nicht in allen Perio-|den gleich schnelle Fortschritte [64r] gemacht, indem wir bald eine Tendenz zur speculativen Philosophie, bald zum dichterischen Schaffen vorherschend finden. Die Hauptentwickelung derselben gehört ganz unstreitig der neuesten Zeit an. Bei den Alten fand die Entwikkelung der Kultur fast nur um das Mittelmeer herum statt, wogegen später die Civilisation sich räumlich weiter ausgebreitet hat. Wenn aber von den Neueren alle Zweige der Wissenschaft mehr gleichzeitig kultivirt wurden, so kann man doch darum die Fortschritte nicht gleichmäßig nennen, die vielmehr in den meisten Wissenschaften mehr stoßweise erfolgten. Einzelne Zweige des Wissens, zum Beispiel die Beobachtungen der magnetischen Erscheinungen, scheinen oft lange gewissermaßen zu ruhen, um dann mit einem male um so größere und bedeutendere Fortschritte zu machen. So berechtigte die große Entdeckung der Contacts-Elektricität, im letzten Jahrzehend des vorigen Jahrhunderts zu bedeutenden Hoffnungen die durch die Fortschritte in der Wissenschaft vollkommen erfüllt sind. – Im Jahre 1791 entdeckte Aloys Galvani, ein Arzt in Bologna, zufällig, daß der abgeschnittene und von der Haut entblößte Schenkel eines Frosches in dem Augenblicke Zuckungen bekam, wo man zwei Metalle, wovon das eine einen Nerv, das andere einen Muskel berührte, unter sich in Berührung brachte. Volta's Scharfsinn erkannte den Grund dieser Erscheinung in einer

schwachen entgegengesetzten Elektricität welche durch die Berührung zweier Metalle erregt werde. Nicht Zufall sondern Nachdenken leitete ihn auf die Entdeckung des Mittels, wodurch diese Art der Elektricität auf eine bewundernswürdige Weise verstärkt werden kann, und führte ihn auf die Construction der Voltaschen Säule. So kam diese Entdeckung auf die man früher für die Phisiologie große
[64v] aber nicht | erfüllte Hoffnungen gegründet hatte, der Physik und Chemie zu Gute und wurde das Mittel diese Wissenschaft auf eine zuvor nicht geahndete Höhe zu fördern. Berzelius, noch vor Davy, benutzte die Wirksamkeit dieser Säule, welche sich so unglaublich steigern läßt, zur Zerlegung verschiedener Stoffe, welche man bisher für einfach gehalten hatte. Auf demselben Wege entdeckte Humphry Davy 1807 das metallische Radikal des Kali, dem bald das der übrigen Alkalien und der meisten Erden folgte, in denen man sämtlich Metalle erkannte, die sich in einem oxidirten Zustande befinden, aus dem sie sich regulinisch darstellen lassen. So lernten wir im Calium, (Potassium) ein Metall von ausgezeichneten Eigenschaften kennen, das leichter als Wasser, bei 55° R. völlig fließend, unter dem Wasser entzündbar ist. Die nähere Bekanntschaft mit diesen neu entdeckten Metalloiden, läßt uns für die Folge Aufklärung noch manches unentdeckten Phänomens hoffen; insbesondere scheinen diese Stoffe, die höchst wahrscheinlich in unoxidirtem, ungesäuerten Zustande, in großen Massen im Innern der Erde sich befinden mit den Vulkanischen Erscheinungen zusammen zu hangen, deren Veranlaßung man vielleicht zum Theil in denselben zu suchen hat.

Von merkwürdigem Umfang, und einflußreicher Wirkung sind insbesondere die Entdeckungen welche seit 15-20 Jahren in der Optik gemacht worden. Einige, diese Untersuchungen betreffenden Erscheinungen, waren der Beachtung früherer Naturforscher gänzlich entgangen; wie dies insbesondere mit der Polarisation des Lichtes der Fall war, welche Erweiterung der Wissenschaft wir dem früh verstorbenen Malus verdanken. – Das hauptsächlichste dieser Entdeckung besteht darin: daß ein unter gewissen Winkeln reflecktirtes Licht, der Zurückwerfung von einem 2ten, in anderer Richtung sich befindenden Spiegel | entgehen kann. [65r]

Schon längst kannte man an dem kristallisirten Kalkspath, (dem sogenannten Isländischen Doppelspath) die Eigenschaft jeden Lichtstrahl der in denselben eindringt, in zwei Strahlen zu spalten. Der eine Theil des gebrochenen Strahls befolgt das allgemeine Brechungsgesetz, und diesen nennt man den gewöhnlich gebrochenen oder schlechthin den gewöhnlichen Strahl; der andere Theil, der ungewöhnliche Strahl folgt einem verwickelteren Gesetz und erscheint aus der Richtung des gewöhnlichen Strahls ein wenig abwärts getrieben. – Diese eigenthümliche Art der Brechung erklärt die Entstehung der doppelten Bilder, welche der Kalkspath in gewissen Richtungen erscheinen läßt.

Neuere Beobachtungen haben gelehrt, daß die meisten natürlichen und künstlichen Kristallisationen, mehr oder weniger dieselbe Eigenschaft der doppelten Strahlenbrechung besitzen.

Arago hat die Verschiedenheit des, von glühenden, festen,

oder flüssigen Körpern, und des von verbrennenden Gasarten ausgehenden Lichtes untersucht, und gefunden, daß im ersteren Falle das Licht theilweise durch Refraction polarisirt wird, während dagegen die Strahlen des letzteren unter denselben Umständen kein Zeichen davon geben. – Diese Beobachtung ist wichtig für die Kenntniß des Zustandes der Weltkörper, und eine Bereicherung der physischen Astronomie da sie uns erkennen lehrt, ob das ausstrahlende Licht von einem gasförmigen oder festen Körper herrührt. Das Sonnenlicht erweist sich, wie das einer Lampe von Wasserstoffgas nicht polarisirt, und berechtigt uns zu der Annahme, daß es aus einer gasförmigen Umhüllung des festen, dunkeln Sonnenkörpers seinen Ursprung nehme.

[65v] So erkennen wir an der Erscheinung der farbigen oder unfarbigen Polarisation, ob ein leuchtender Körper im Lichtproceß begriffen, oder ob sein Licht ein reflectirtes sey, welches die Complementarfarben giebt. Die kolorirte Polarisation des Kometenlichtes lehrt uns, daß diese Körper kein eignes Licht ausstrahlen, sondern wie die Planeten ein reflectirtes Licht verbreiten.

Rochon hat bei seinem Micrometer von der doppelten Brechung der Kristalle eine Anwendung auf die Messung kleiner Winkel gemacht, die für Astronomie und Physik von großem Nutzen ist. Zur Messung des scheinbaren Durchmessers der Himmelskörper wird das System der beiden Prismen, von Bergkristal oder Doppelspath, in ein astronomisches Fernrohr eingesetzt. Dasselbe Instrument findet eine wichtige Anwendung als Distanzmesser, bei militairischen Operationen. So auch läßt sich damit auf dem Meere die Entfernung eines Schiffes schätzen, und auf Stunden Weite entscheiden, ob es herannaht, oder sich entfernt, indem im letztern Falle der Winkel unter dem das Bild zweier Masten erscheint, stets größer und größer wird.

Die letztverflossenen 5-6 Jahre sind für die Wissenschaft merkwürdig geworden, durch die wichtigsten Entdeckungen über den Magnetismus, dessen Identität mit der Elektricität die berühmten Versuche des Prof. Oerstaedt zu Coppenhagen wahrscheinlich gemacht haben. Wenn ich zuvor die physiologischen und chemischen Wirkungen anführte, welche ein stetiger Strom von Elektricität in dem Voltaschen Apparate hervorbringt, indem er durch lebende Körper oder leitende Flüssigkeiten hindurchgeht, welche trennbare Grundstoffe enthalten, so hat Oerstaedt an diesem Strome noch ein anderes Vermögen entdeckt. Wenn er nämlich Metalle, welcher Art sie auch | seyn mögen, durchläuft, so ertheilt [66r]
er ihnen momentan die magnetische Kraft, und macht sie fähig weiches, unmagnetisches Eisen anzuziehen. – Wenn man den Voltaschen Kreis durch einen Metalldrath schließt, so entsteht in diesem Drath der nun die elektrische Berührung zwischen beiden Metallen bewirkt, eine electrische Spannung. Der Drath wird dabei magnetisch, und verändert die Lage einer in seine Nähe gebrachten Magnet-Nadel. Aber diese Veränderung in der Richtung der Magnet-Nadel ist oberhalb und unterhalb des Drathes verschieden. – Die magnetische Polarität ist der Art, daß wenn sie kräftig genug ist, die Wirkung des Erdmagnetismus auf die Nadel zu überwinden, diese in eine Stellung versetzt wird, daß sie mit dem Drathe rechte Winkel bildet, so daß die nach Nord und

Süd gerichtete Nadel unterhalb des Draths nach West, oberhalb desselben nach Ost abweicht.

Ampère hat dieser Beobachtung noch hinzugesetzt: daß 2 Dräthe welche galvanische Paare entladen, in welchen die Elektricität nach derselben Richtung strömt, einander anziehen, aber einander abstoßen, wenn die Elektricität in entgegengesetzter Richtung strömt. Der ausladende Drath wird von einem ihm genäherten Magnet auf der einen Seite angezogen, auf der andern abgestoßen. Nadeln, rechtwinklich gegen den Drath gelegt, werden magnetisch, und dies in höherm Grade wenn der Drath spiralförmig um eine Glasröhre gewunden wird, in welcher eine Nadel sich befindet, wobei die Pole der Nadel eine verschiedene Richtung bekommen, wenn die Spirale rechts oder links gewunden wird.

Man mögte annehmen, daß in Folge einer Beobachtung ein Schiff, das durch Zufall seiner Magnetnadel beraubt worden, im Stande wäre, diesen Verlust zu ersetzen. Kupfer und
[66v] etwas nasse Pappe, oder feuchtes Leder würde einen | Apparat bilden, um einen leidlichen Compaß dadurch herzustellen.

Im Verfolg dieser interressanten Versuche und Beobachtungen, machte Arago endlich die große Entdeckung, daß alle Körper transitorisch von magnetischen Kräften sollicitirt werden können. – Der ältesten Annahme gemäß glaubte man, daß der Magnetismus dem Eisen, und den Eisenerzen allein angehöre; später bemerkte man, daß Stahl, (eine Legirung von Eisen mit einer kleinen Menge von Kohle) länger magnetisch bleibe, weshalb man sich desselben ausschließend zum Compaß bediente. Neuerdings fand man, daß Kobalt und Nickel, so wie die Meteorsteine, in denen Eisen sich oft mit obigen beiden Metallen vereinigt findet, ebenfalls geeignet sind, die Körper magnetisch zu machen.

Schon Coulomb hatte durch Versuche mit seiner Drehwage gefunden, daß alle Körper auf die Magnetnadel wirken; die Resultate welche er erhielt waren jedoch keinesweges entscheidend, und Arago wird mit Recht die Entdeckung des transitorischen Magnetismus zugeschrieben. – Zufällig bin ich bei dem Versuche gegenwärtig gewesen, welcher zu dieser Entdeckung Veranlaßung gab. Ich befand mich mit Herrn Arago auf einem Hügel bei Greenwich, um mit ihm Beobachtungen über die Intensität der magnetischen Kräfte zu machen, die vom Pol gegen den Aequator zunehmend, in der Entfernung von Paris und London, schon bemerkbar wachsen. Arago ließ eine Magnetnadel, die früher in Paris frei geschwungen, in einem hölzernen Kasten schwingen, und zählte. Er bemerkte, daß die Schwingungen stark retardirten, und bald ganz aufhörten, wodurch der Gedanke erweckt wurde, daß der hölzerne Kasten attractorisch wirke; was sich vollkommen bestätigte.

Im Verfolg dieser Beobachtung entdeckte er, daß die Nähe irgend eines Körpers | einen hemmenden Einfluß auf [67r]
die Nadel äußert, was man so erklären kann, daß dieselbe temporär in jedem Körper einen Pol erzeugt, der auf sie hemmend zurückwirkt, wenn sie in Bewegung ist.

Ein von Schweigger angegebner sinnreicher Apparat um die Wirkung eines electrischen Stromes zu verstärken, hat den passenden Namen des electromagnetischen Multiplicators erhalten. Dies Instrument gewährt den Vortheil die

Entwickelung der beiden Electricitäten unter einer unendlichen Menge von Umständen sichtbar und meßbar zu machen.

Becquerel hat mit Hülfe desselben die Electricitäts-Entwickelung dargethan, welche bei jeder chemischen Thätigkeit Statt findet. Seine Versuche beweisen, daß zum Beispiel bei jeder Auflösung Electricität frei werde, und er war im Stande durch die Magnetnadel so kleine Quantitäten von Säuren zu entdecken, als man durch Reagenzien nie würde haben auffinden können.

Diese Wirkungen sind gleichsam wie ein kleines magnetisch-electrisches Gewitter zu betrachten, da hier, eben so wie im Großen, die verschiedenartig electrische Spannung sich in ein Gleichgewicht zu setzen sucht.

Schon vor mehreren Jahren war es dem Profeßor Morechini in Rom gelungen, durch den violetten Strahl im prismatischen Farbenbilde Stahl-Nadeln zu magnetisiren, welche Entdeckung bald bestritten, bald bestätigt worden. Neuere ausführliche Untersuchungen haben aber dies Verhalten außer Zweifel gesetzt, so wie auch Morichini's Versuche durch eine sehr interressante Wiederholung derselben von Mistriss Sommerville in London vollkommen bestätigt wurden.

Wie groß und folgenreich auch die Entdeckungen seyn
[67v] mögen, wodurch in neuern | Zeiten alle Zweige der Naturwissenschaft im Allgemeinen gefördert worden, so sind doch die Fortschritte in der Kenntniß des Himmels von allen die Bedeutendsten. Diese vorzügliche Ausbildung des astronomischen Wissens ist wohl hauptsächlich dem glücklichen

Umstande zuzuschreiben, daß eine Reihe großer, für die Wissenschaft bedeutender Männer, in ununterbrochener Folge die Zeitepoche ausfüllt, von der Entdeckung von Amerika bis auf Friedrich II.

Nicolaus Copernicus, geboren 1473 – † 1543
Tycho de Brahe, geboren 1546 – † 1601
Keppler, geboren 1571 – † 1630
Galilei, geboren 1564 – † 1642
Isaak Newton, geboren 1642 – † 1727

Diese 5 großen Männer haben zum Vortheil der Wissenschaft, fast alle ein ziemlich hohes Alter erreicht, und man könnte sagen einander abgelöst, da der Folgende beim Tode des Vorangehenden immer schon geboren war. – Wenn Copernicus als der Schöpfer einer richtigeren Ansicht des Weltsystems betrachtet werden muß, so hat sich Tycho de Brahe um die beobachtende Astronomie bedeutende Verdienste erworben. Galilei danken wir insbesondere ein treffliches Werk über die Gesetze der Bewegung, die sowohl für Astronomie als Physik eine gleich wichtige Anwendung finden. – Von Keppler dem bedeutendsten dieser Männer kann mit Recht gesagt werden, daß er den Grund gelegt habe, zu der Höhe welche die Astronomie als Wissenschaft auszeichnet. Zu Wiel im Wirtembergischen geboren, Sohn eines Gastwirths, hatte er sein ganzes Leben hindurch mit Armuth und Dürftigkeit zu kämpfen. Obgleich ausübender Astronom zu Prag, Profeßor zu Grätz, | und Astronom des Herzogs v. Wal- [68r]
lenstein, wurde ihm doch während der unruhigen Zeit des

30jährigen Krieges keine seiner Besoldungen ausgezahlt, und er starb im Mangel zu Regensburg, wohin er gegangen war, um eine geringe Pension zu erbitten. Seine unsterblichen Verdienste um die Astronomie, fanden erst bei der dankbaren Nachwelt ihre gerechte Verehrung. Die von ihm entdeckten Gesetze des Planetenlaufes, (die sogenannten 3 Kepplerschen Regeln) gaben Newton die nähere Veranlaßung zu seinen Entdeckungen.

Es darf nicht übersehen werden, daß unsere Lage auf der Erde eine sehr günstige für die Kenntniß des Weltgebäudes ist, in so fern wir auf einem nicht leuchtenden Körper wohnen. Befänden wir uns innerhalb der Photosphäre der Sonne, so würden wir von der Existenz der übrigen Sterne nichts wissen. – Demungeachtet ist nicht zu läugnen, daß auch den Planeten mehr oder weniger ein gewisses Selbstleuchten zugeschrieben werden kann, in so fern sie einen Theil ihres Lichtes nicht von der Sonne erhalten, sondern dies von einem phosphoresciren herzurühren scheint, das vielleicht in früherer Zeit größer gewesen seyn mag. Als der Druck der Stoffe aufeinander anderer Art, vielleicht größer war, als der innere Zustand des Erdkerns, unabhängig von der Stellung gegen die Sonne, mehr Wärme ausstrahlte, können auch Lichterscheinungen durch tellurische Verhältnisse entwickelt worden seyn, welche sich vermindert haben. Noch jetzt aber erkennen wir, wahrscheinlich als ein Substrat der magnetischen Spannung, ein Leuchten der Erde, das an den Polen ausgestrahlt, und mit dem Namen des Nordlichts bezeichnet wird; so wie es nicht zu bezweifeln steht, daß auf der dunkeln Seite der Venus ebenfalls ein Lichtproceß statt findet.

Schon lange hat man den Einfluß beobachtet welchen das Nordlicht auf die Magnetnadel ausübt, und neuere Untersuchungen bestätigen immer mehr den Zusammenhang dieses Phänomens mit der magnetischen Polarität der Erde. Das Resultat der genauen Beobachtungen, welche während der Nordpol-Expedition des Capt. Parry über diese Naturerscheinung angestellt wurden, ist, daß sich das Nordlicht nicht so hoch über die Erdoberfläche hinauf zieht, als man vermuthet hat, und nach den Messungen in Cumberland-haven nur etwa eine Meile hoch erscheint; auch hat man es oft unter Wolken beobachtet, die sehr niedrig lagen. [68v]

Man hat viel darüber gestritten, ob das Nordlicht von einem eignen Geräusche begleitet werde. Parry will es auf seiner 1ten Reise am Churchill-Fluß gehört haben; Richardson dagegen, welcher den Capt. Franklin auf der Landreise in dem nördlichsten Theile von Amerika begleitete, und ordentliche Tagebücher über dies Phänomen geführt hat, will während 200 Nächten, wo er Nordlichte beobachtete, nicht ein einzigesmal irgend ein Geräusch gehört haben.

Vielfältige Beobachtungen beweisen, daß die Magnetnadel plötzlichen Veränderungen ausgesetzt ist, welche beim Erscheinen des Nordlichts eintreten. Wenn diese leuchtenden Strahlen in Menge erscheinen, so ordnet sich die Substanz des Meteors fast immer in mehrere concentrische Kreisbogen, welche sich nach dem magnetischen Pole hinneigen, also von ihm angezogen werden. Sehr merkwürdig ist eine ähnliche Erscheinung im Kleinen, welche Davy und Arago entdeckt haben. Bei sehr starken Voltaschen Säulen erscheint bei dem Ueberströmen der electrischen Materie durch 2 Kohlen, eine Flamme von 3-4 Zoll Länge, welche das Nordlicht vorstellt. Arago hat durch einen Magnet, welcher den magnetischen Pol der Erde representirt, | die Flamme abgelenkt, und zwar so, daß der Nordpol des Magnets sie anzog der Südpol sie abstieß.

[69r]

Wenn wir es jetzt dahingestellt seyn lassen in wie fern die Erde ein eigenthümliches Licht verbreitet, so haben wir auf jeden Fall uns Glück zu wünschen, daß wir einen Körper bewohnen, der wenigstens nicht in hohem Grade selbstleuchtend ist.

Olbers hat zuerst die Frage aufgeworfen: weshalb es Nachts nicht so hell sey, als am Tage? bei der großen Masse von Sternen, bei den Millionen leuchtender Körper welche dichter oder dünner gewebt einen wahren Sternen-Teppich über das Himmelsgewölbe decken? Diese Untersuchung hat auf die Annahme einer lichtextinguirenden Materie, eines hemmenden Prinzips, in den Himmelsräumen geführt, wodurch die Lichtverbreitung mit wachsender Entfernung beschränkt wird. Auf diese Weise ließe sich auch die wunderbare Erscheinung der dunkelschwarzen Stellen, (Kohlensäcke) erklären, die in der südlichen Hemisphäre sichtbar werden. Wenn man sich das Himmelsgewölbe aus vielen Sternschichten übereinander bestehend vorstellt, so sind diese schwarzen Flekken ein Durchbruch derselben, gleichsam längere Röhren, die in die Schichten hineingehen, und uns in die äußersten Gränzen des Weltraums einen Blick werfen lassen, von deren Entfernung wir gar keinen Begriff haben können, da nicht einmal das Licht davon bis zu uns gelangen konnte. Diese Bewandniß mag es mit dem großen Flecken im südlichen Kreuz haben, den wir uns gewissermaßen als ein Loch im Firmament denken können; anstatt daß die weniger dunkle 4-5 Mondbreiten große Stelle im Scorpion, wohl auch eine Oeffnung seyn kann, aber nicht so tief hineingehend.

Wenn dieser lichtverlöschende Aether die Himmelsräume nicht erfüllte, so wür-|den die Millionen Sonnen am Firmament eine Helle verbreiten, die uns, in einem Licht-Meere schwebend, hindern müßte die Sterne zu sehen. Der Ideenkreis würde sich in einem eingeschränkten Raume bewegen, während er jetzt die entferntesten Weiten umfaßt. – Auch auf die Entwickelung religiöser Gefühle müßte dieser Zustand einwirkend gewesen sein, da unstreitig nichts mehr geeignet ist, eine religiöse Begeisterung hervorzurufen, als die Betrachtung des Gesetzmäßigen in der Bewegung der Himmelskörper. – Alle tellurische Messungen würden sich nur höchst unvollkommen und unbequem ausführen lassen, da ein großer Theil derselben sich auf die Vergleichung entsprechender Messungen am Himmel gründet. Es würden uns noch die Pendelversuche übrig bleiben, um die Gestalt der Erde zu bestimmen; aber wie ungewiß, ob man ohne vorhergegangene allgemeinere Kenntniß, auf diese Versuche verfallen wäre. Die Schiffarth würde ihrer sichersten Stütze, der Sternbeobachtung beraubt seyn, und die höhere Mathematik, in so fern sie auf die Berechnung der Bahnen jener entfernten Weltkörper angewendet wird, würde ganz fehlen. Wir sehen, daß die Kenntniß der Gestirne nicht allein vom größten Einfluß auf die Gefühle, sondern auch auf die Kultur des Menschengeschlechtes ist. [69v]

Eine Annäherung an den Zustand in dem die Existenz der Gestirne uns verborgen bliebe, finden wir temporair auf der Erde: und zwar nicht etwa unter den Polen, sondern in dem schönen Tropenklima von Peru, wo ein nebelartiger Dunst, (la garña) den Himmel Monate lang so verhüllt, daß man die Sonne nur als eine rothe Scheibe aufgehen sieht, (wie in dem denkwürdigen Jahre 1783, als ein dichter Heerrauch uns so lange den Anblick des Himmels entzog) und
[70r] die Stelle des | Mondes oft gar nicht unterschieden werden kann. – Eben deshalb, weil die Peruaner oft die Sonne wie durch ein Blendglas erblicken, waren sie auch schon im 16ten Jahrhundert bei der Entdeckung von Amerika, mit den Sonnenflecken bekannt, wie dies Acosta in seiner Reise erwähnt.

Bei aller Sorgfalt in der Beobachtung der Lichterscheinungen, können wir doch den Täuschungen nicht entgehen. So erscheinen unserm Auge nur die Sonne und der Mond als Scheiben, alle andern Himmelskörper als strahlende Punkte: selbst die Planeten werden erst vor dem Fernrohr zu kleinen Flächen; dagegen verlieren die Fixsterne ihre Strahlen, und schrumpfen zu kleinen leuchtenden Punkten zusammen. Mit bloßen Augen findet man bei Fixsternen und Planeten die Polygonalfigur, und selbst Venus mit einem Durchmesser von 1 Minute zeigt sie noch sehr deutlich. Von ihr bis zum Monde, der $\frac{1}{2}^{\circ}$ Durchmesser hat, haben wir leider keinen Uebergang. Die interressante Frage muß also unentschieden bleiben: wie groß der scheinbare Durchmesser eines Sternes seyn müsse, um mit bloßen Augen ihn als Kreis zu sehen?

Die nach den Individuen verschiedene Entfernung des

deutlichen Sehens beruht auf der Beschaffenheit unseres Auges. Indem der von einem Bilde ausgehende Strahlenkegel vor oder hinter die Netzhaut fällt, also zu früh oder zu spät von derselben durchschnitten wird, erscheint in beiden Fällen das Bild undeutlich. Hieraus erklärt sich die scheinbare Dilatation der Sterne, welche von der Irradiation herrührt. Dieser Zerstreuungskreis bewirkt, daß beim Anblick des Mondes im ersten Viertel, die dunkle aschfarbne Scheibe kleiner zu seyn scheint, als der leuchtende Theil.

Die Polygonalfiguren der Sterne, welche einen andern [70v] Grund der Täuschung abgeben, scheinen ebenfalls auf der Construction des Auges zu beruhen, und abhängig von der Art zu seyn, wie dasselbe aufgeschlizt ist. – So ist die Zahl und Neigung der Strahlen verschieden, welche von verschiedenen Menschen an den Sternen bemerkt werden. Einige zählen bei Sternen 1ter Größe 5-7, andere 8 Strahlen. Daß die Beschaffenheit des Auges darauf einwirkt, läßt sich beweisen, indem man nur das Auge zu drehen, das heißt den Kopf rechts oder links zu neigen braucht, um die Strahlen willkürlich zu supprimiren, oder auseinanderfahren zu lassen: wenn man den Kopf in vertikaler Richtung senkt, so verschwinden die obern Strahlen, und umgekehrt, wenn man ihn hebt, die unteren.

Das Funkeln der Sterne ist nicht, wie man früher glaubte, eine Folge der Dünste in der Atmosphäre, sondern es beruht auf andern optischen Erscheinungen, für die man in dem neuesten System der Optik einen befriedigenden Grund gefunden hat. Schon der englische Astronom Mitchell beobachtete, daß die scheinbare Größe des Sterns sich beim Funkeln momentan vermindere, und daß dies intermittiren bis zu 5 mal in 1 Sekunde vorkomme. Nach neueren Entdeckungen glaubt man, daß dies Phänomen mit der Interferenz des Lichtes zusammenhange, nach der 2 Lichtstrahlen je nachdem sie in entgegengesetzter Richtung aus verschiedener Entfernung einander treffen, sich zerstören können, und Finsterniß hervorbringen, oder wenn sie in derselben Richtung zusammen fallen sich addiren.

Schon im 17ten Jahrhundert hatte Grimaldi in Rom merkwürdige Versuche gemacht, über die Beugung und Diffraction des Lichtes. Thomas Young in London hat aber diese, so wie verschiedene Farben-Erscheinungen, durch eine sinnreiche Hypothese, welche er das Princip der Interferenz nennt,
[71r] unter einen gemeinsamen Gesichtspunkt zu bringen | gesucht. Nur durch die Theorie der Vibration lassen sich diese Phänomene genügend erklären, für welche die Emanations-Hypothese nicht ausreicht. Man nimmt an, daß wenn das Licht in Undulationen besteht, und die Undulation des einen Strahls das Maximum von Elevation bekommt auf demselben Punkte, wo die andere das Minimum bekommt, so hebt die eine Welle die Wirkung der andern auf, und es entsteht Dunkelheit. Wird dann der eine Strahl um eine halbe Welle retardirt, so fällt ihr Maximum von Elevation auf denselben Punkt, und sie addiren ihre Wirkung.

Die Wellenbewegung welche zwei in eine Flüssigkeit geworfene Steine erregen, kann als Gleichniß dienen. An denjenigen Stellen wo die entstandenen Kreise sich berühren, wird die Bewegung entweder verstärkt, oder aufgehoben, je nachdem der Wellenberg oder das Wellenthal, (der convexe oder concave Theil) zusammenstoßen. So wie, wenn das Meer von Stürmen aufgewühlt wird, die coincidirenden Wellen ihre Wirkung auf eine so schreckbare Weise verdoppeln, so hemmen und vernichten sich dieselben, wenn der convexe und concave Theil aufeinander treibt. Es entsteht Ruhe. Was bei der tropfbaren Flüssigkeit Ruhe ist, wird Finsterniß bei dem Lichte.

Da die uns umgebende gemengte Atmosphäre die Lichtwellen von entfernten Gestirnen, unser Auge nicht mit vollkommen gleicher Geschwindigkeit erreichen können, so entsteht durch ungleich zusammentreffende Undulationen momentane Finsterniß, oder erhöhtes Licht. Dies erklärt das Funkeln der Sterne, und eben daher findet diese Erscheinung in geringerem Maaße statt, bei denjenigen welche uns im Zenith stehen, indem nach dieser Richtung sie uns näher sind, und | das Aufeinanderstoßen nicht aliquoter Lichttheile [71v]
weniger wahrscheinlich ist. Der größeren Reinheit der Atmosphäre wegen, in der selten eine Zerstreuung des Lichtes Statt findet, leuchten auch die Sterne unter den Tropen mit einem ruhigeren planetarischen Lichte. – Nach den Jahreszeiten ist der Anblick des tropischen Himmels ein sehr verschiedener. Wenn die Regenzeit eintreten soll, und die wässrigen Dünste, welche zuvor die Atmosphäre aufgelöst enthielt, anfangen sich zu vereinigen, dann funkeln die Sterne mit so lebhaftem Glanze, als bei uns. – Bei den leuchtenden Scheiben bemerkt man das Funkeln nicht, weil bei diesen ein zerstörter Lichtpunkt sogleich durch einen andern ersetzt wird.

Man hat nicht ohne Erfolg das Prinzip der Interferenz

zur Erklärung der Nebenfarben des Regenbogens, der Höfe an Sonne und Mond, so wie der Farben feingestreifter Flächen angewendet. Ueber letztere Erscheinung haben Brewster in Edinburg und Frauenhofer in München verdienstvolle Untersuchungen angestellt. Frauenhofer insbesondere hat diesen Versuchen die größte Vollkommenheit gegeben. Er fand daß die schillernden Farben der Perlmutter von äußerst feinen Strichen oder Rissen auf der Oberfläche herrühren. Durch dergleichen feine, dem bloßen Auge unsichtbare, parallele Risse, in gleichem Abstande von einander, in solcher Menge gezogen, daß mehrere 1000 auf einen Zoll gehen, hat er metallischen Oberflächen eben diese Regenbogenflächen gegeben. In England hat man dies Farbenspiel feingestreifter Oberflächen zu Zierrathen angewandt.

Eine der unzweideutigsten Beobachtungen über die Beugung des Lichts, bietet sich den Astronomen dar, wenn der am Himmel fortrückende Mond einen Fixstern bedeckt, welches man eine Occultation nennt, (für die Bestimmung der
[72r] Länge so äu-|ßerst wichtig) oder einen bedeckten verläßt. In beiden Fällen scheint der Stern einige Sekunden lang unbeweglich an dem Rande des Mondes zu kleben, weil man ihn durch gebeugtes Licht sehen kann, wenn er selbst ein klein wenig hinter dem Monde steht.

Auch für den technischen Gebrauch hat man von diesen neueren Entdeckungen eine Anwendung gemacht, durch die Einrichtung eines Ariometers, oder Wollmessers. Ein Lichtstrahl welcher bei einem feinen Faden Wolle vorbei geht, erleidet eine Beugung und bildet farbige Frangen oder Ringe, die um so breiter erscheinen als der Faden zarter oder dünner ist. In einem eignen kleinen microscop-ähnlichen Apparate, wird die Breite dieser Ringe gemessen, wonach sich die Feinheit der Wolle ergiebt. So hat der Scharfsinn der Gelehrten eine schöne Entdeckung für das gemeine Leben anwendbar gemacht, und das ähnliche Instrument dient dazu die Güte der Wolle zu messen, und die Natur der Weltkörper zu bestimmen.

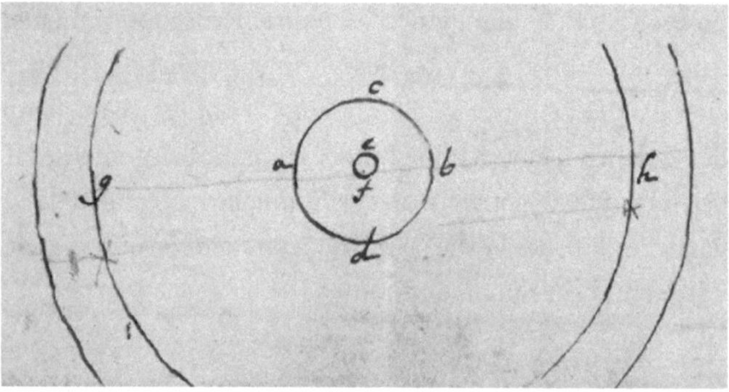

Abb. 22: Alexander von Humboldt: Skizze mit Winkelangaben zur Berechnung der Durchmesser eines großen und eines kleinen Lichtrings (Halo) um den Mond.

Die Skizze findet sich im Bd. I der Amerikanischen Reisetagebücher; die zugehörigen Ausführungen und Messergebnisse sind von Humboldt auf den 17. August 1799 datiert. (Vgl. die Edition dieses Manuskripts in der *edition humboldt digital* (Leitner 2019) sowie Ette/Maier 2018, S. 162.)

15. VORTRAG,
20. März 1828

Stärke des Gesichtssinnes. – Verschiedenheit der Farbe der Sterne. – Vertheilung der Sterne am nördlichen Himmel – am südlichen Him̄el. – das südliche Kreuz. –

Der Mond. –

Größe. – Mondstrahlen ohne Wärme. – Atmosphäre. – Topographie desselben. – Gebirge. – Höhe derselben. – Vulkane. – sichtbare Gegenstände auf dem Monde. – deren Größe. – Messungen. –

Man hat lange behauptet, daß man von dunkeln Räumen aus, auch bei Tage die Sterne sehen könne. Aus den Kellern der Pariser Sternwarte ließ man durch eine aufwärts führende Oeffnung, den Reisenden angeblich die Sterne beobachten, die aber nichts als ein vom Aufwärter, als attrape angebrachtes Licht waren. – Eben so sollen von tiefen Schachten aus, bei Tage die Sterne sichtbar seyn, was ich aber ebenfalls bezweifle; wenigstens habe ich sie nie gesehen, in so vielen Schachten ich auch gewesen bin. – Die Führer auf den Montblanc behaupten, daß wegen der tiefen dunkeln Bläue des Himmels in jener Höhe, die Sterne bei Tage sich unterscheiden ließen. Kein Beobachter von Gewicht hat aber diese Aussage bestätigt, und da auf den ungleich größeren Höhen von Südamerika, Niemand diese Bemerkung wiederholt | hat, so [72v]
möchte dies Vorgeben nicht anzunehmen seyn. Es giebt übrigens Menschen, welche sich durch eine unglaubliche Stärke des Gesichtssinns ganz besonders auszeichnen. So versichert Prof. Benzenberg einen Herrn v. Eschwege in Goettingen gekannt zu haben, der mit bloßen Augen den Regulus bei Tage sehen, und das Fernrohr darauf richten konnte. Ebenfalls giebt es Menschen welche die Jupiters Trabanten mit bloßen Augen entdecken. (Nicht wie jene Dame in Göttingen welche vorgab diese Monde zu erkennen, bei genauerer Prüfung aber die Stellung derselben nach einem Sternkatalog auswendig gelernt hatte.) – Das Zeugniß wahrhafter und gründlicher Beobachter setzt dies factum außer Zweifel, das

um so weniger außer dem Reiche der Möglichkeit liegt, als die Trabanten dem Planeten nicht so nahe stehen, um durch sein Licht verdeckt zu werden. Der nächste ist um $\frac{1}{4}$ einer Mondsbreite entfernt.

Ein sonderbares Beispiel von großer Schärfe der Sinne gewährt ein zu Genf lebender Herr Chevalier, dem ein so intuitives Gefühl der Zeitdauer einwohnt, daß er mit der Genauigkeit eines Sekunden-Pendels die Länge eines Zeit-Abschnittes anzugeben vermag. Ausgezeichnete Naturforscher haben stets übereinstimmende Versuche mit diesem jetzt schon bejahrten Manne gemacht.

Man giebt die Zahl der Sterne 1ter-6ter Größe, die man mit bloßen Augen sieht, gewöhnlich auf 5000 an; dies ist aber ungenau. Herschel zählt über 8000. – Das Sehen beruht aber nicht blos auf der Größe der Himmelskörper, sondern ist hauptsächlich abhängig von der Art des Lichteindrucks. So hat Veja nach Herschel $\frac{1}{3}$ Sekunde Durchmesser, und erscheint uns in einer Größe von 4 Minuten, Uranus dagegen dessen Größe 4 Minuten beträgt, erscheint so klein, daß es wenige Menschen giebt, welche ihn mit bloßen Augen gesehen haben. – Merkwürdig ist es, daß die Farben mit de-
[73r] nen uns die Gestirne er-|scheinen nicht von jeher dieselben gewesen zu seyn scheinen. Sirius zum Beispiel wurde von den Römern roth genannt, jetzt erscheint er weiss. Man kann also annehmen, daß der Verbrennungsproceß seit jener Zeit auf ihm stärker geworden sey. – Die 4 ausgezeichneten Sterne, welche in den Zendschriften der Perser die stellae regiae heißen, werden von ihnen in rothe und weiße geschieden. Antara und Aldebaran, welche, wiewohl sehr un-

genau die beiden Aequinoctialpunkte bezeichnen, heißen roth: dagegen Fomalhaut und Regulus, welche die Solstitial-Punkte andeuten weiß. Diese Sterne jedoch haben die bezeichnete Farbe erhalten.

Bei ungefährer Aufzählung der Anzahl der sichtbaren Sterne, ist zu unterscheiden wie viel überhaupt bekannt, und welche davon bestimmt sind. Die Menge der nicht bestimmten telescopischen Sterne ist unglaublich. So sah Herschel den 22ten August 1792, als er die Milchstraße beobachtete, in 40 Minuten Zeit 258,000 Sterne durch sein Telescop laufen: und diese Zahl ist keinesweges bloße Schätzung. – Bestimmt nach dem Hardingschen Sternkatalog, nebst denen welche Bessel beobachtet hat, kan man 120,000 annehmen.

Die Vertheilung der Sterne auf den beiden Hemisphären scheint der Anzahl nach ungefähr dieselbe. Die Schönheit des südlichen Himmels beruht hauptsächlich in der Gruppierung, indem die Sterne minder gleichmäßig vertheilt sind, und die Sternbilder im Kontrast von sternreichen und sternarmen Räumen, ausgezeichneter erscheinen. Sehr schöne Gruppen bilden: das Schiff – der Schütze – die Krone – das südliche Kreuz. – Der Nebelfleck des Schiffes Argo ist ein so gedrängter Sternhaufen, daß er hinter vorüberziehenden Wolken hervortretend einen Eindruck von Helle erregt, als ob der Mond aufgegangen wäre.

Zu den Sternen des südlichen Himmels rechne ich alle diejenigen, welche man un-|ter $37\frac{1}{2}^\circ$ N. Br. also zu Rhodus, [73v]
Madeira und in Südspanien zu sehen bekommt. Erst seit 2 Jahrhunderten hat man sich gründlicher mit dem südlichen Himmel beschäftigt. Die Alten kannten ihn nur bis zum Krebs,

den man in Syene sehen kann. Die Vorrückung der Nachtgleichen verursacht es, daß die schönen südlichen Sterne uns gleichsam fliehen. Zur Zeit der Römer erblickte man den Canopus in Spanien, und das südliche Kreuz war zu Alexandrien sichtbar. Damals hieß diese Constellation der Thron der Cäsaren, die später auf die Phantasie der christlichen Völker, das ehrwürdige Symbol ihres Glaubens darstellend, einen so viel tieferen Eindruck machte. – Ich habe schon früher erwähnt, daß Dante dies schöne Sternbild, das auch jetzt noch am rothen Meer, nördlicher als die Enge von Bab-el-Mandeb sichtbar ist, gekannt und besungen hat. – In der Uebersetzung von Streckfuß heißt die vielbesprochene Stelle im Fegefeuer, so:

Zur Rechten kehrt ich mich, den Geist gewandt
  Zum andern Pol, und sah' vier Stern im Schimmer,
  Die Niemand als das erste Paar erkannt.
Den Himmel letzt ihr funkelndes Geflimmer!
  O du verwaistes Land, du öder Nord,
  Du sieh'st den Glanz der schönen Lichter nimmer!

Schon der Pater Corsali hat diese Stelle auf das südliche Kreuz gedeutet. Dante befindet sich nämlich auf einem Berge bei den Antipoden der Stadt Jerusalem.

Da die beiden großen Sterne, welche die Spitze und den Fuß des Kreuzes bezeichnen, ungefähr die nämliche Rectascension haben, so muß das Sternbild in dem Augenblick wenn es durch den Meridian geht, beinahe senkrecht stehen. Diesen Umstand kennen alle Völker welche jenseits

des Wendekreises, oder in der südlichen Hemisphäre wohnen. | Man hat beobachtet, um welche Zeit in der Nacht in [74r]
verschiedenen Jahreszeiten, das Kreuz im Süden gerade oder geneigt ist. Es ist dies eine Uhr welche ziemlich regelmäßig, nahe um 4 Minuten täglich vorrückt, und kein anderes Sternbild bietet eine so leicht anzustellende Beobachtung der Zeit dar. »Mitternacht ist vorbei, das Kreuz senkt sich!« hörten wir oft unsere Wegweiser sagen, in den Savannen von Venezuela, und oft haben mir diese Worte die rührende Scene zurückgerufen die Bernardin de St. Pierre schildert, als beim Anblick des Kreuzes im Süden, der Greis Paul und Virginie erinnert, daß es Zeit sey zu scheiden.

Man hat ein eignes wunderbar unbekanntes Gefühl, wenn man bei der Annäherung gegen den Aequator allmälig die Sterne verschwinden sieht, welche uns in der Heimath leuchten. In der Einsamkeit des Meeres grüßt man einen Stern wie einen Freund von dem man lange getrennt war, und freudig erblickten selbst unsere Matrosen den Polarstern, wenn sie aus der andern Hemisphäre heimkehrend die bekannten Sterne ihrer Kindheit wieder sehen.

Wir wenden uns nunmehr zur Betrachtung des Mondlichtes, und einer allgemeinen Uebersicht der Topographie des Erdtrabanten. Die Entfernung des Mondes von der Erde beträgt 51,000 Meilen. Ein englisches Packetboot brauchte nur 6 mal die Fahrt von London nach Canton hin und her zurückzulegen, um dieselbe Distanz durchmessen zu haben. – Der Durchmesser des Mondes beträgt 466 Meilen; mithin erreicht der uns zugewendete Theil noch nicht einmal die Größe des russischen Reiches.

Es ist eine sonderbare Meinung, daß der Mond nicht von je her geschienen haben soll. In Griechenland ging man so weit die Arcadier Antiseleniten zu nennen weil sie älter seyen, als der Mond, der erst in einer Schlacht erschienen
[74v] sey, | die Hercules gegen die Giganten kämpfte. Wahrscheinlich ist dies eine Anspielung auf die Einführung des Monddienstes, oder vielleicht des Mondjahres.

Man hat häufig die Frage aufgeworfen: ob die Strahlen des Mondes Wärme erregten? In neueren Zeiten, wo die Instrumente so sehr vervollkomnet sind, hat man erneuerte Versuche darüber angestellt. Mit Herrn Arago habe ich, auf der Pariser Sternwarte, die in einem großen Hohlspiegel aufgefangenen Strahlen, auf ein sehr empfindliches Luftthermometer fallen lassen, wir haben aber durchaus keine Temperaturerhöhung bemerkt, und Daniell's, der vor einigen Monaten eine schöne Meteorologie herausgegeben, hat dasselbe Resultat als Ergebniß seiner sehr genauen Beobachtungen gefunden.

Der Anblick des Mondes bietet uns mehrere Flecken dar, die man lange Zeit für Meere gehalten hat, welche Meinung aber aufgegeben worden, da man mit Zuverlässigkeit annehmen kann, daß kein Wasser, überhaupt keine Flüssigkeit sich auf dem Monde befindet. Man ist im Stande Flächenräume, halb so groß wie Berlin vollkommen deutlich zu erkennen, und nirgend hat man eine Stelle im niveau der andern gefunden. Herr Cunowsky, welcher mit einem trefflichen Frauenhoferschen Fernrohre schöne Beobachtungen gemacht, und eine genaue Zeichnung vom mare crisium entworfen hat, findet an jener Stelle, wo man eine Fläche vermuthete, alles voll kleiner Krater, und von Rinnen durchschnitten.

Die Athmosphäre des Mondes nähert sich dem, was wir unter unsern Luftpumpen ein Vacuum nennen, und ist über 100 mal geringer als die unsrige, wie sich dies aus der Strahlenbrechung sehr genau berechnen läßt. Das ☿ im Barometer, das bei uns am Meeresufer 28″ steht, würde sich dort kaum auf der Höhe von einigen Linien er-|halten. [75r]

Wir müssen demnach dem Monde die Atmosphäre absprechen, und wenn wir annehmen, daß Wasser und dichte Luft auf demselben fehlen, so können wir uns freilich schwer einen Begriff davon machen, wie Geschöpfe darauf zu existieren im Stande wären, da nach unseren Begriffen alle Entwikkelung des Organischen an das Flüssige geheftet ist.

Genau genommen sollten wir nur diejenige Seite des Mondes sehen, welche er uns zukehrt; wir sehen aber etwas mehr, wegen der Schwankungen der Mondaxe. Diese Vibration beträgt 6-8° in der Breite und Höhe. Man glaubte, daß diese Schwankungen so groß werden könnten, daß mit der Zeit auch die andere Hälfte des Mondes sichtbar würde. La Place hat diesen Gegenstand einer tiefsinnigen Rechnung unterworfen; allein es ergiebt sich, daß diese Hoffnung auch für unsere spätesten Enkel nicht vorhanden ist.

Die Topographie des Mondes hat das auffallende, daß, so wie auf der Erde ein Unterschied zwischen den beiden Hemisphären statt findet, man auch auf dem Monde die nördliche eine Continental- die südliche eine oceanische Hemisphäre nennen könnte, obgleich man keine Flüssigkeit darauf bemerkt. Nur auf der nördlichen Hemisphäre des Mondes findet man Kettengebirge: die Acherusische Kette, die Alpen und die Appeninen, unter denen die Appeninen,

Kuppen ähnlich, die höchsten sind, mit nur 2 Kratern, grade als wenn nur an diesen Stellen das Gebirge von den elastischen Dämpfen hätte durchbrochen werden können. Sie scheinen unsern Alpengebirgen nicht unähnlich, und liegen zwischen dem mare hybrium, und dem mare serenitatis. Daneben sieht man eine tiefe Spalte. Die südliche Hälfte zeigt nichts als Centralgebirge oder Umwallungen, und scheint ganz von Kratern durchwühlt.

[75v] Bei schwachen Vergrößerungen bemerkt man eine auffallende Erscheinung auf dem Monde, für welche wir noch keine genügende Erklärung haben. Vom Berge Tycho anfangend sieht man eine Menge von weißen Streifen, die wie Lichtfäden über Berg und Thal gehen, ohne relief, und ohne Schatten zu werfen, als wenn große Strecken Länder mit Banden von weißen Blüthen bedeckt wären. Bei stärkeren und den stärksten Vergrößerungen nimmt das Phänomen an Deutlichkeit ab.

Die Berge des Mondes verhalten sich zu seinem Durchmesser wie $\frac{1}{214}$ – während die höchste Spitze des Himalaja nur $\frac{1}{700}$ des Erdhalbmessers ausmacht. Die beiden höchsten Punkte des Mondes Leibnitz und Dörfel erheben sich auf 24,900′. Eine Höhe die, als der Chimborazo noch nicht entthront war, von diesem nicht erreicht, von dem weißen Berge des indischen Gebirges, dem Dhawallagiri (26,000′) übertroffen wird. Die absolute Höhe ist bei dergleichen Nebeneinanderstellungen aber nicht entscheidend, und das verschiedene Verhältniß der Durchmesser erschwert die Vergleichung.

Die Masse der einzelnen Mondberge ist so groß, daß ganzen Ländern vergleichbar, sie plateaux genannt werden müssen. So hat der Hipparch einen Durchmesser von 20 Meilen, ist also ungefähr so groß als Böhmen. Die Mehrzahl der Berge auf dem Monde haben ein vulkanisches Ansehen, und die Krater scheinen den unsrigen sehr ähnlich. Oft findet man auf den Berg einen Aschenkegel aufgesetzt, wie beim Vesuv, oft ist er auch an der Seite des Berges, wie bei einigen Vulkanen in Amerika.

Seit dem Jahre 1783 hat man von Ausbrüchen der Mondvulkane gesprochen, welche an und für sich wohl möglich wären, obgleich wir dem Monde seine Atmosphäre abgesprochen haben: denn es ist nicht zu läugnen, daß es Feuererscheinungen ohne Luft giebt. Herschel der in den Jahren 17$^{88}/_{90}$, mit dem Grafen Brühl in London fleißige Mondsbeo- | bach- [76r]
tungen anstellte, glaubte diese Ausbrüche gesehen zu haben. Auffallend ist es, daß das Phänomen immer auf demselben Punkte statt findet, im Aristarch, den schon der alte berühmte Danziger Bürgermeister Hevelius, (geboren 1611 – † 1687) seines röthlichen Ansehens wegen, mons porphyrites genannt hat. Man muß entweder annehmen, daß die Erscheinung von einem Auflodern herrührt, wie beim Aetna, oder daß ein spiegelnder Fels, etwa wie die roche polie am großen Bernard, in eine solche Lage komme, um das von unserer Erde reflectirte Licht der Sonne zurückzuwerfen. Die letztere Annahme ist wohl die wahrscheinlichere. Allgemein wird die Entdeckung, daß das beim 1ten und letzten Viertel bemerkbare aschfarbne Licht, auf dem dunkeln Theile des Mondes, von der Zurückstrahlung der Erde herrühre, Keppler's Lehrer Möstlin zugeschrieben, da doch der große Ma-

ler Leonardo da Vinci die erste richtige Erklärung davon gegeben hat. – Wenn der Mond von der Erde Licht empfängt, so ist es nicht gleichgültig, in welcher Lage sich dieselbe befindet, und ob sie ihm eine Erstreckung von Land oder Meer zuwendet. Von den opaken Theilen der Südsee muß natürlich das Licht schwächer reflectirt werden, als von den Flächen des Innern von Afrika, oder von Hochasien. – Bouguer glaubt sogar, daß das zuweilen etwas grünlich erscheinende aschfarbne Licht von den Wäldern am Orenoco, oder von den vegetationsreichen Ufern des Amazonenflusses reflectirt wurde.

Zum Theil von ihrer Phantasie verleitet, sind die Astronomen zu den wunderlichsten Annahmen gekommen, über die Gegenstände welche uns im Monde sichtbar sind. So wollte Schröter die Fruchtbarkeit bebauter Felder wahrgenommen, und im Marius eine Selenitenwohnung von 80′ Höhe gesehen haben. – Neuerlich sind diese Träume von einem sonst achtbaren Naturforscher im südlichen Deutsch-
[76v] land noch | weiter ausgeführt worden. Man wollte Chausseen bemerken, auf denen Caravanen der Mondbewohner sich grüßend begegnen. Man glaubte 3-4 Meilen große 6-seitige Sternentempel zu erblicken, für den Kultus einer Art von Sabäismus. Man meinte Palmenwälder und baumartige Farrenkräuter zu unterscheiden; ja, es wurde die Frage ventilirt: ob das Klima des Mondes wohl den Anbau der Brunnenkresse gestatte?

Diese Phantasieverirrungen führen sehr natürlich auf die Untersuchung: wie groß denn aber ein Gegenstand seyn müsse, um ihn auf dem Mond unterscheiden zu können?

Diese Frage läßt sich mit so großer mathematischer Genauigkeit beantworten, als irgend eine. Messen kann man im Monde nicht mehr als $\frac{1}{2}$ Sekunde Angulardistanz, das heißt 1800′: man kann aber noch manches unterscheiden, ohne zu messen – doch sind 800-1000′ wohl die Gränze des unterscheidbaren beim telescopischen Sehen. Bei Perpendicularhöhen kann man jedoch 4-500′ mit Sicherheit bestimmen. Es giebt 3 Mittel zu diesen Messungen. 1, indem man die Gränze eines erleuchteten, und eines dunkeln Theiles vergleicht. Die einzelnen leuchtenden Punkte im Dunkeln, sind die Berge, deren Spitzen noch von der Sonne beschienen werden. Je höher sie sind, je länger bleiben sie sichtbar: da aber die Schattengränze nie ganz scharf ist, so ist auf diese Weise keine Genauigkeit möglich. 2^{tens} oder man mißt die Erhöhung der Berge durch Projection auf dem Mondrande selbst, bei Sonnenfinsternissen. 3^{tens} und dies ist die beste Art: durch die Bestimmung der Länge des Mondschattens. Auf diese Weise erhält man eine Genauigkeit, daß man Höhen von 3-400′ (ungefähr wie die Müggelsberge) mit Sicherheit zu messen vermag, und man kann annehmen, daß wir die Berghöhen des Mondes genauer kennen, als selbst die auf der Erde. Ja wenn wir voraussetzen dürfen, daß man auf dem
Monde | dieselben Fernröhre habe, als hier: so muß man von [77r]
dort aus sich über die Erde vollständiger unterrichten können, und manche Frage, welche wir hier vergeblich zu lösen suchen, zum Beispiel über die nordwestliche Durchfahrt von der Baffins-bay nach der Behrings-straße, würde vom Monde aus sich aufklären lassen.

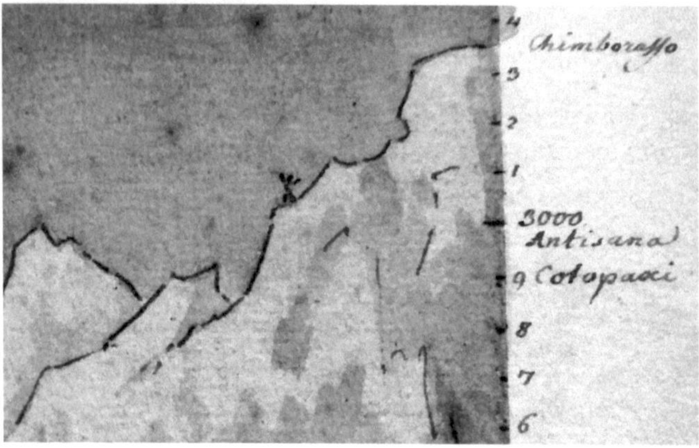

Abb. 23: Johann Wolfgang von Goethe: Ausschnitt aus einer Zeichnung von ca. 1807.

Aus dieser Handzeichnung ging die 1813 veröffentlichte, Alexander von Humboldt gewidmete Bildtafel »Höhen der alten und neuen Welt[,] bildlich verglichen« hervor. Nur wenige hundert Toisen unterhalb des Gipfels des Vulkans Chimborazo, hier dem damaligen Wissenstand entsprechend noch als höchster Berg der Erde gesetzt, ist eine kleine Figur zu erkennen. In dieser Handzeichnung Goethes ist diese implizit, auf der Bildtafel dann jedoch explizit als Alexander von Humboldt zu erkennen. (Zum regen Austausch beider und zu dessen Spuren in Goethes Bibliothek siehe z.B. Schmuck 2016.)

16. VORTRAG,
27. März 1828

Aerolithen. – Steinregen. Geschwindigkeit derselben.

Die Sonne. –

Größe. – Attraktionssphäre. – Schnelligkeit des Lichts. – Sonnenflecken. – Entdeckung derselben. – Sonnenfakkeln. – Photosphäre.

Ursachen die in den neuesten Zeiten dem Studium der Natur förderlich gewesen sind. –

eine mehr ästhetische Behandlung der Naturwissenschaften. – Zuerst beim Cardinal Bembo. – Büffon. – Forster der Jüngere. – Bernardin de St. Pierre. – Chateaubriand. – Goethe. – Landschaftsmalerei älterer und neuerer Zeit.

Nachdem wir uns im Allgemeinen mit der Topographie des Mondes beschäftigt haben, der von einigen amerikanischen Völkern recht bezeichnend die nächtliche Sonne, oder eine Schlafsonne genannt wird, will ich noch einmal auf die vulkanischen Erscheinungen zurückkommen, die seine Oberfläche durchwühlen, in so fern man dies Phänomen mit den Meteorsteinen oder Aerolithen in Verbindung zu bringen versucht hat. – Die Existenz solcher vom Himmel herabfallender Massen ist von den neueren Naturforschern lange in Zweifel gezogen worden, obgleich bei den Alten die unzweideutigsten Zeugnisse, diese für eine Fabel gehaltenen Steinregen außer Zweifel setzen. Trotz der übereinstimmenden Nachrichten über diese Naturerscheinung bei den Griechen und Römern, die selbst bei chinesischen Schriftstellern Bestätigung finden, und obgleich viele thibetanische und tartarische Fürsten im Besitz von Schwertern und Dolchen sind, die man aus diesem Meteoreisen verfertigt, so läugnete man doch in neueren Zeiten beharrlich die Wahrheit dieses Phänomens. Ein wunderbares Beispiel von physikalischem Unglauben! Bis der verdienstvolle Chladni, derselbe, dem es gelang die Töne sichtbar darzustellen, zuerst die Aufmerksamkeit der Gelehrten auf die wirkliche Existenz dieser, aus den Welträumen herabkommenden Massen leitete, welche seitdem unzählige Erfahrungen bestätigt haben. Eines der merkwürdigsten Beispiele bietet der 1803 zu Aix im Departement de l'Orne herabgekommene Steinregen,

[77v] dessen Wirkungen von den berühmtesten | französischen Naturforschern untersucht worden sind. Bei heiterm Himmel zeigte sich am 26ten April ein Gewölk, aus dem unter anhaltendem Donnern, und einem Gekrach wie beim Abfeuern von Geschütz ein fürchterlicher Steinregen herabstürzte, der bis auf 15 französische Meilen im Halbmesser die Spuren seiner Wirkung verbreitete. Von den gefallenen Steinen fand man 2000; der kleinste wog 2 Quentchen, der größte 17 ℔.

Bei der versuchten Erklärung dieses Phänomens haben einige die Behauptung aufgestellt, daß die herabgeschleuderten Massen Producte der Mondvulkane wären, vielleicht in Verbindung mit jenen erwähnten Eruptionen im Aristarch. La Place und Olbers haben die Frage aufgeworfen: welche Wurfkraft erforderlich seyn würde, um einen dergleichen Auswurf bis in die Attractionssphäre unserer Erde zu bringen? Mathematische Rechnungen ergeben, daß eine schwere Masse, die aus dem Monde mit einer anfänglichen Geschwindigkeit von 7500′ in 1 Sekunde (ungefähr die 4fache Geschwindigkeit einer Kanonenkugel) geschleudert würde, nach $2\frac{1}{2}$ Tagen auf unserer Erde anlangen könnte. Die auf dem Monde, seiner Kleinheit wegen, geringere Schwerkraft, und die mangelnde Atmosphäre, würden die Möglichkeit dieses Hinwegschleuderns allerdings vermehren. – Uebrigens ist diese Meinung nicht neu, und schon Paulo Maria Gonzago in Tortosa hat die Vermuthung geäußert, daß die Steinregen aus dem Monde herabkommen möchten. – Wenn aber auch die Möglichkeit die Erscheinung auf diese Weise zu erklären, nicht geläugnet werden kann, so sind doch andere Gründe vorhanden, welche diese Annahme nicht wahrscheinlich machen. Der Haupteinwurf beruht auf der Geschwindigkeit mit welcher diese Massen bei uns ankommen, und welche sie in ihrer Bewegung den planetarischen Körpern so ähnlich macht. Man hat die reißende Geschwindigkeit gemessen mit der Feuerkugeln | über einen großen Teil [78r] von Europa, vom westlichen Ireland, bis nach Ungarn hinweggezogen, und gefunden, daß diese Bolide 14 Meilen in 1 Sekunde zurücklegte, und mithin die Bewegung der Erde in ihrer Bahn, noch übertraf. Ich habe früher schon erwähnt, in wie fern der kosmische Ursprung dieser Meteore überhaupt wahrscheinlicher ist. – Was die Bestandteile dieser Massen betrifft, so sind sie in der Regel aus Eisen, Nickel und Kobalt zusammengesetzt, doch fehlt zuweilen der Nickel. Ein in Frankreich zu Juvevas herabgekommener, von Herrn Gustav Rose untersuchter Meteorstein enthält keinen dieser Bestandtheile, und scheint vielmehr einer Gebirgsmasse ähnlich. Man könnte ihn für ein Stückchen Syenit aus dem Plauenschen Grunde halten. – Derselbe verdienstvolle Mineralog hat die von Pallas 1772 am Jenesei aufgefundene Eisenmasse (1600 ℔ schwer) ebenfalls untersucht, und darin kristallisirtes Magneteisen, und selbst eingesprengten Olivin, wie im Basalt, gefunden.

Es möge mir hier gestattet seyn, noch einiges über die merkwürdige Erscheinung der Sonnenflecke zu erwähnen.

Um einen ungefähren Begriff von der Größe und Masse des Sonnenkörpers zu gewinnen, genügt die Betrachtung, daß der Uranus 400,000,000 Meilen entfernt, sich innerhalb der Attractionssphäre befindet, und daß der Komet von 1811 (keinesweges ein besonders excentrischer) 22 mal weiter als der Uranus kreisend, ebenfalls noch demselben Sonnensystem angehört. Nach den genauen Untersuchungen von Delambre braucht das Sonnenlicht 8 Minuten 13 Sekunden um die Entfernung von 20,871,000 Meilen bis zu unserer Erde zurückzulegen. Bis zum Uranus sind $2\frac{1}{3}$ Stunde erforderlich, bis zum Kometen von 1811 $2\frac{1}{4}$ Tag. Von einer Sonne bis zur nächsten, bis zum Sirius, reiset der Lichtstrahl 3 volle Jahr.

[78v] Wenn man sich alle Planeten in eine Kugel geballt denkt, so hat die Sonne doch 560 mal mehr Masse, und 824 mal mehr Volumen. Ihr Durchmesser beträgt $109\frac{3}{4}$ Durchmesser der Erde. – Da die mittlere Entfernung des Mondes von der Erde 51,000 Meilen ist: so könnte er seinen Umlauf beinahe 2 mal innerhalb des Sonnenkörpers vollenden. – Obgleich dergleichen numerische Spielereien eben nicht nach meinem Geschmacke sind, so dienen sie doch oft dazu eine Sache zu versinnlichen. Ich will daher noch anführen, daß eine Kanonenkugel, welche mit einer Wurfkraft von 1500′ in der Sekunde abgeschossen wird, von Berlin bis Wien 9 Minuten brauchen würde, von der Erde bis zum Monde 9 Tage, und bis zur Sonne etwas über 9 Jahr.

Wir wissen durch die Fernröhre weniger von der Sonne als vom Monde; nicht wegen der größern Entfernung, sondern wegen der leuchtenden Atmosphäre welche den Sonnenkörper umgiebt. – Die merkwürdigste Erscheinung auf der Sonne sind die Sonnenflecken. Man bemerkt sie zuerst an dem östlichen Rande, sieht, wie sie von Osten nach Westen sich bewegen, und nach 13 Tagen verschwinden. Daraus hat man die Rotation der Sonne sehr genau auf 25,12 Tage berechnet. – Es ist möglich diese Flecken mit bloßen Augen zu sehen. In Peru, wo ein Nebelartiger Dunst, die garña oft 3-4 Monate lang die Sonne verdeckt, wie bei uns der Heerrauch im Jahre 1783, waren den Einwohnern die Sonnenflekke schon im 16ten Jahrhundert bekannt, wie Acosta in seiner Reise anführt. Die älteste Erwähnung dieser Flecken findet sich in den chinesischen Annalen, 321 nach Christi Geburt – Arabische Schriftsteller bemerken, daß 626 nach dem Tode Mohamed's die halbe Sonnenscheibe verfinstert worden. | Die Araber nennen diese Erscheinung aber nicht Sonnen- [79r] flecke, sondern haben die schwarze Merkurscheibe vor der Sonne zu sehen geglaubt. Dies wäre aber gar nicht möglich, wegen der Kleinheit des Mercur, den man überdies mit bloßen Augen nicht zu sehen vermag. Abulfaradsch, Averroës, und selbst Keppler haben diese irrige Meinung getheilt. – Obgleich nun seit Jahrtausenden die Existenz der Sonnenflecken gekannt scheint, so sind doch erst im 17ten Jahrhundert genaue Beobachtungen darüber angestellt worden. Dem Jesuiten Scheiler in Ingolstadt wird insgemein die Entdeckung derselben zugeschrieben. Galilei beobachtete sie gleichzeitig, und machte in den Gärten des Quirinal den Cardinal Bambini darauf aufmerksam. Als der Pater Scheiler mit dieser Beobachtung auftrat, glaubte Galilei, daß seine Entdeckung ihm von den Jesuiten verrathen sey. Dem Pater Scheiler kam aber seine Scharfsicht keineswegs zu Gute. Sein Prior Thed. Busaeus befahl ihm nämlich dergleichen alberne Meinungen künftig zurückzuhalten. Die Flecken wären nicht in der Sonne, sondern in seinen

Augen. Wenn sie sich in der Sonne befänden, so müßte Aristoteles sie auch gesehen haben. – Der Sohn eines ostfriesischen Predigers Johann Fabricius hatte sich 1610 ein neuerfundenes Fernglas angeschafft, und entdeckte die Sonnenflecken, indem er mit diesem Instrument, und zwar ohne Blendglas seine Augen gewaltig zerquälte. Nach den Untersuchungen des Herrn v. Zach war der Engländer Harriot der erste, welcher sie als wirkliche Flecken erkannte, am 8ten October 1610. – Diese Flecken sind durchgehend kohlschwarz mit aschfarbnem, scharfbegränztem Rande. Sie entfernen sich nicht über 30-40° nördlich und südlich vom Sonnenäquator, und sind gegen die Pole zu niemals
[79v] | sichtbar. Zuerst zeigt sich gewöhnlich eine leuchtende Erscheinung, die so genannten Sonnenfackeln, als wenn eine Explosion elastischer Flüssigkeiten die Photosphäre theilte. Einige Zeit darauf erscheint der schwarze Fleck, mit einer Penumbra, welche vollkommen scharf begränzt ist. Lambert, Herschel, Bode, Fischer in Halberstadt, der Bruder unseres verdienten Physikers haben sich mit der Beobachtung dieser Flecken vielfach beschäftigt, und ihre Erklärung auf mannigfache Weise versucht. Die genügendste scheint, indem wir zu der Hypothese unsere Zuflucht nehmen, daß der Sonnenkörper von 2 Wolkenschichten umgeben sey, von denen die nächsten der Sonne aschfarben, die entferntere aber hell angenommen werden muß. Denken wir uns nun, daß wahrscheinlich auf der Sonne sich Gasarten oder ähnliche fluida entwickeln, welche beim Aufströmen die beiden Wolkenschichten trennen, und den dunkeln Sonnenkörper sichtbar machen, so wird die Er-

scheinung der Flecken, in der Projection in welcher wir sie erblicken, vollkommen erklärlich.

Die jetzt allgemein angenommene Meinung, daß die Sonne nicht selbst leuchtend, sondern ein dunkler Körper sey, wurde lange lächerlich gemacht und eben so bestritten, wie die Existenz der Aerolithen, obgleich diese in vielen Tempeln, selbst in der Caaba aufbewahrt wurden. Noch vor 40 Jahren rettete die Meinung, daß die Sonne schwarz sey, einem Menschen das Leben. Ein gewisser Smithman hatte in einer Dissertation zu beweisen gesucht, daß die Sonne nicht selbstleuchtend sey, und wurde später wegen einer Fälschung zum Tode verurtheilt. Sein Verteidiger führte diese Dissertation als augenscheinlichen Beweis an, daß er schon seit seiner frühen Jugend den Verstand verlo-|ren habe. [80r]

Indem ich nunmehr das Naturgemälde beendige, das ich aufzustellen bemüht gewesen, bleibt es mir nur übrig zu danken für die Theilnahme, welche mein Bestreben das Bild eines Natur-Ganzen zu entwerfen, gefunden hat. Doch will ich diese Versamlung nicht ermüden mit der Schilderung eines Gefühls, das zu seiner Dauer keiner Erneuerung bedarf, und jetzt nur noch hinzufügen, welche Ursachen in der neuesten Zeit dem Studium der Natur so fördernd gewesen sind, und wodurch die Liebe zur Betrachtung der Natur so lebhaft erregt worden ist.

Eine mehr aestethische Behandlung der Naturwissenschaften überhaupt mag dazu beigetragen haben; der Anblick der schönen Pflanzenformen in den botanischen Gärten, die in so manchen ausgezeichneten Exemplaren ein Bild der Tropengewächse geben; und endlich die Art wie in neuerer Zeit die Landschaftmalerei die Pflanzen-Physiognomik darstellend, die Ansicht uns fremdartiger Naturscenen versinnlicht.

Wenn ich angeben soll, was in mir zuerst die Sehnsucht nach erweiterter Weltansicht erweckt, und mich zur Unternehmung großer Reisen angetrieben hat, so war es: Georg Forsters Schilderung der Südseeinseln, der Anblick des großen Drachenbaumes in dem hiesigen botanischen Garten, und Hodges vortreffliche Zeichnungen, welche ich bei meiner frühesten Reise nach England zu sehen Gelegenheit hatte.

Wenn wir bei den Alten wahrnehmen, daß sie weniger den Einfluß beachtet haben, den der Anblick der unbelebten Natur auf den Menschen ausübt, so kom̄t dies wohl daher, daß der Mensch und das Studium seiner Kräfte und Leidenschaften, ihnen das Höchste und Einzige schien. Nicht daß bei ihnen Beispiele fehlten, wie Einzelne besonders von der Natur angeregt worden sind. So hat uns Plinius eine schöne
[80v] Beschrei-|bung seiner beiden Villen Laurentinum und Tuscum hinterlassen. Nie aber wurde bei den Griechen und Römern die Naturbeschreibung ein eigner Zweig der Litteratur, sondern die Landschaft diente gewissermaßen nur als Hintergrund um den historischen Figuren mehr Haltung zu geben. Dagegen scheint die Naturbetrachtung den indogermanischen Stämmen eigenthümlich; und man braucht nicht anzunehmen, daß das rauhe Klima und die Entbehrung einer schönen Natur den Genuß derselben bei den germanischen Völkern geschärft habe, da sich bei den südlichen Indern und Persern die ähnliche Richtung findet.

In neuerer Zeit finden wir die erste aesthetische Behand-

lung der Naturscenen beim Kardinal Bembo, der in einer eignen kleinen Blumenschrift sein Aufsteigen auf den Aetna schildert, und auf eine reizende Weise die Veränderung der Vegetationsverhältnisse malt. – Später bei genauerer Erforschung aller Erdtheile, und bei mehr verbreiteten allgemeinen Naturkenntnissen, treten mehrere Männer auf, denen wir eben so gründliche als geschmackvolle Naturbeschreibungen danken. – Zuerst nennen wir Buffon, der obgleich großartig in seinen Ansichten, doch mehr pomphaft malt, als individuel, und dessen Schilderungen eine gewisse Kälte haben, weil ihm die eigne Ansicht der exotischen Natur abgeht. – An Wahrheit und Anmuth übertrifft ihn der jüngere Forster. Er entwirft ein sehr geschmackvolles Naturbild, in dieser Art das Erste, und schildert nicht nur lebhaft den Anblick der Tropenwelt, sondern berücksichtigt auch die verschiedenen Sitten und Racen der Völker. – Später als G. Forster liefert Bernardin de St. Pierre gelungene Naturschilderungen, die gewissermaßen dramatisch sind, in so fern historische Figuren sich vom landschaftlichen Hintergrunde sondern. Paul et Virginie sowohl, als die: Etudes de la nature enthalten schöne Bilder, die jedoch mit Vorsicht zu betrachten sind, da falsche | Axiome hin und wieder den [81r]
Verfaßer verleiten, der Wahrheit Abbruch zu thun. Chateaubriand stellt in der: Atala ein eben so reizendes Bild der südlichen Natur auf, als er im »Genie du christianisme« die Missionen mit Wahrheit, und der Natur getreu schildert. So auch malt er mit eigentlichen Localfarben das südliche Italien, Aegypten, Jerusalem, das gelobte Land, bis zum todten Meere, und giebt uns in seinem neuesten Werke den Aben-

ceragen, den Anblick der Sierra Nevada in Granada, des höchsten Gebirges in Spanien. – Vor allen aber erwähnen wir hier den hohen Meister, dessen Werke ein so tiefes Gefühl für die Natur durchdringt. Wie im Werther, so in der Reise, in der Metamorphose der Pflanzen, überall klingt dies begeisterte Gefühl an, und berührt uns, gleich wie »ein sanfter Wind vom blauen Him̄el weht.«

Bei den Franzosen bilden diese Schilderungen der Natur besonders der exotischen, einen eignen Zweig der Litteratur, die poësie descriptive. Es ist nicht zu verkennen, daß man hierbei mitunter auf Abwege gerathen ist, in so fern eine gezierte Schwülstigkeit gar oft den Mangel des innern Gefühls ersetzen muß. Es ist immer gefährlich bei der Schilderung großer Gegenstände sich ungemessen des Schmucks der Rede zu bedienen, wenn auch der Hauch der Poesie niemals fehlen sollte. Eine Hauptsache liegt darin, daß derjenige welcher das Bild aufstellt, ganz in demselben aufgeht, und sich selbst der Betrachtung entzieht.

Wir dürfen bei dieser Gelegenheit die Landschaftsmalerei nicht übergehen, in so fern sie sich mit dem charakteristischen der einzelnen Pflanzenformen, und der Physiognomie der Natur überhaupt beschäftigt. Bei den Alten war dies nur Nebenwerk, und sie bedienten sich zur Darstellung der anorganischen Natur gewisser feststehender Typen, wie wir dies auch an den neuaufgefundenen Werken größerer Mei-
[81v] ster bemerken, welche vor | kurzem aus Pompeji und Herculanum ans Licht gefördert worden sind.

Zur Zeit des Auflebens der italischen Kunst finden wir den Anfang der Landschaftsmalerei in der niederländischen

Schule, und bei den Schülern Van Eyk's. Namentlich hat Heinr. von Bloss zuerst versucht die Figuren sehr zu verkleinern, um dadurch die Landschaft hervortreten zu lassen. – Auch bei den großen italischen Landschaftern der spätern Zeit Tizian, Bassano, Caracci findet sich keine genaue Nachahmung, besonders der exotischen Natur, und auch sie bedienten sich für gewisse Gegenstände angenommener, conventioneller Formen, zum Beispiel geben sie den Dattelpalmen, die doch aus Nordafrika nach Sicilien und Italien hinübergewandert waren, ein eigen schuppiges, wunderliches Ansehen.

Franz Post, der den Prinzen Moritz v. Nassau 1642 nach Brasilien begleitete, war der erste welcher treue Naturgemälde darstellte. Von ihm befinden sich auf der hiesigen Bibliothek einige schöne Landschaften. – Hodges brachte herrliche Zeichnungen von den Reisen heim, auf welchen er Coock begleitete, und ging später mit Hastings nach Ostindien, wo er ebenfalls schöne Arbeiten lieferte. – Neben diesem ist Daniel zu nennen, der in seinen Oriental sceneries, die vegetationsreichen Ufer des Ganges malt, und später schöne Darstellungen auf seiner Reise von Plymouth nach Calcutta entwarf.

Rugendas, aus einer alten, geachteten Künstlerfamilie in Augsburg, hat neuerdings aus Brasilien ausgezeichnete Landschaften zurückgebracht, die sich zum Theil in Schleisheim befinden.

Noch will ich hier der Darstellung eines sogenannten Urwaldes (forêt vierge) erwähnen, welche in Paris durch den Grabstichel vervielfältigt, erschienen ist, und ein ungemein wahres Bild, sowohl der Palmenform, als auch der wunderbaren Verschlingung der Gewächse darbietet, welche die tropische üppige Vegetation charakterisiren.

BIBLIOGRAPHIE

Der Textteil dieses Bandes gibt eine Lesefassung der folgenden Nachschrift der ›Kosmos-Vorträge‹ Alexander von Humboldts in der Sing-Akademie zu Berlin wieder:

Staatsbibliothek zu Berlin – Preußischer Kulturbesitz (SBB-PK), Ms. germ. qu. 2124.

Das Manuskript wird im Kalliope Verbundkatalog für Nachlässe und Autographen unter der ID DE-611-HS-3087712 geführt; der elektronische Volltext, auf dem die vorliegende Druckausgabe basiert, ist parallel zu den Faksimiles der Handschrift im *Deutschen Textarchiv* (DTA) der Berlin-Brandenburgischen Akademie der Wissenschaften (BBAW) verfügbar:

Kohlrausch 1827/28 = [Kohlrausch, Henriette]: *Physikalische Geographie. Vorgetragen von Alexander von Humboldt.* [Berlin], [1827/28]. In: *Deutsches Textarchiv*, http://www.deutschestextarchiv.de/nn_msgermqu2124_1827.

Alexander von Humboldt-Chronologie. Hrsg. v. Ingo Schwarz. In: *edition humboldt digital.* Hrsg. v. Ottmar Ette. Berlin-Brandenburgische Akademie der Wissenschaften, Berlin. URL: http://edition-humboldt.de/X0000001.

Blümle 2013 = Blümle, Claudia: »Augenblick oder Gleichzeitigkeit. Zur Simultaneität im Bild.« In: *Simultaneität: Modelle der Gleichzeitigkeit in den Wissenschaften und Künsten.* Hrsg. v. Philipp Hubmann und Till Julian Huss, Bielefeld, 2013, S. 37-55.

Bruhns 1872 = Bruhns, Karl (Hrsg.): *Alexander von Humboldt: Eine wissenschaftliche Biographie.* 3 Bde. Leipzig, 1872.

Camper 1792 = Camper, Adriaan Gilles (Hrsg.); Samuel Thomas Soemmerring (Übers.): *Peter Camper über den natürlichen Unterschied der Gesichtszüge in Menschen verschiedener Gegenden und verschiedenen Alters; über das schöne antiker Bildsäulen und geschnittener Steine; nebst Darstellung einer neuen Art, allerlei Menschenköpfe mit Sicherheit zu zeichnen.* Berlin, 1792.

Deutsches Textarchiv. Grundlage für ein Referenzkorpus der neuhochdeutschen Sprache. Hrsg. v. d. Berlin-Brandenburgischen Akademie der Wissenschaften. Berlin, [2007-] 2019. URL: http://www.deutschestextarchiv.de/.

Daum 2019 = Daum, Andreas W.: *Alexander von Humboldt.* München, 2019.

Erdmann/Thomas 2014 = Erdmann, Dominik und Christian Thomas: »›... zu den wunderlichsten Schlangen der Gelehrsamkeit zusammengegliedert‹. Neue Materialien zu den ›Kosmos-Vorträgen‹ Alexander von Humboldts, nebst Vorüberlegungen zu deren digitaler Edition.« In: *HiN – Humboldt im Netz. Internationale Zeitschrift für Humboldt-Studien,* XV, 28, 2014, S. 34-45. DOI: 10.18443/189.

Erdmann/Weber 2015 = Erdmann, Dominik und Jutta Weber: »Nachlassgeschichten – Bemerkungen zu Humboldts nachgelassenen Papieren in der Berliner Staatsbibliothek und der Biblioteka Jagiellońska Krakau.« In: *HiN – Humboldt im Netz. Internationale Zeitschrift für Humboldt-Studien*, XVI, 31, 2015, S. 58-77. DOI: 10.18443/223.

Ette 2018 = *Alexander von Humboldt-Handbuch: Leben – Werk – Wirkung*. Hrsg. v. Ottmar Ette. Stuttgart, 2018.

Ette/Maier 2018 = Ette, Ottmar und Julia Maier: *Alexander von Humboldt: Bilder-Welten. Die Zeichnungen aus den Amerikanischen Reisetagebüchern.* München/London/New York, 2018.

Fischer 1826 = Fischer, Christian August: *Ueber Collegien und Collegienhefte. Oder Erprobte Anleitung zum zweckmäßigsten Hören und Nachschreiben sowohl der Academischen als der höheren Gymnasial-Vorlesungen.* Bonn, 1826.

Galvani 1894 = Galvani, Luigi: *Abhandlung über die Kräfte der Electricität bei der Muskelbewegung*. Hrsg. v. A. J. von Oettingen. (= *Ostwald's Klassiker der exakten Naturwissenschaften*, 52.) Leipzig, 1894.

Gilbert 1814 = Gilbert, Ludwig W.: »Die neuesten Ankündigungen des Prof. Morichini.« In: *Annalen der Physik*, 46 (1814), S. 367-375.

Goethe 1809 = Goethe, Johann Wolfgang von: *Die Wahlverwandtschaften.* Bd. 2. Tübingen, 1809.

Hamel/Tiemann 1993 = Hamel, Jürgen und Klaus-Harro Tiemann (Hrsg.): *Alexander von Humboldt: Über das Universum. Die Kosmosvorträge 1827/28 in der Berliner Singakademie.* Frankfurt a. Main: Insel, 1993 (= *insel taschenbuch* 1540); 2. Aufl. 2004 u. d. T. *Alexander von Humboldt: Die Kosmos-Vorträge 1827/28 in der Berliner Singakademie* (= *insel taschenbuch* 3065).

Hannover 2016 = Landeshauptstadt Hannover (Hrsg.): *Der ehemalige St. Nikolai-Friedhof. Ein Gartendenkmal im Zentrum von Hannover.* Hannover, 2016.

Helmreich 2009 = Helmreich, Christian: »Geschichte der Natur bei Alexander von Humboldt.« In: *HiN – Humboldt im Netz. Internationale Zeitschrift für Humboldt-Studien*, X 18, 2009, S. 53-67. DOI: 10.18443/120.

Hidden Kosmos – Reconstructing Alexander von Humboldt's ›Kosmos-Lectures‹ (2014-16): Humboldt-Universität zu Berlin, Institut für Kulturwissenschaft, http://www.culture.hu-berlin.de/hidden-kosmos.

Holtz 2014 = Holtz, Bärbel: »›Cicerone‹ des Königs? Alexander von Humboldt und Friedrich Wilhelm III.« In: *HiN – Humboldt im Netz. Internationale Zeitschrift für Humboldt-Studien*, XV, 29, 2014, S. 151-162. DOI: 10.18443/207.

Hufeland 1829 = Hufeland, Otto: *Vorlesungen über physicalische Geographie von A. v. Humboldt. [G]eschrieben im Sommer 1829 durch Otto Hufeland.* [Berlin], [ca. 1829]. [= Abschrift einer Nachschrift der ›Kosmos-Vorträge‹ Alexander von Humboldts in der Sing-Akademie zu Berlin, 6.12.1827-27.3.1828.] In: *Deutsches Textarchiv*, http://www.deutschestextarchiv.de/hufeland_privatbesitz_1829.

Humboldt 1805 = Humboldt, Alexander von: »Versuche über den Zitterrochen.« In: *Neues allgemeines Journal der Chemie*, 6, 2 (1805), S. 166-172.

Humboldt 1807 = Humboldt, Alexander von: »Jagd und Kampf der electrischen Aale mit Pferden.« In: *Annalen der Physik*, 25 (1807), S. 34-43.

Humboldt 1845-62 = Humboldt, Alexander von: *Kosmos. Entwurf einer physischen Weltbeschreibung.* 5 Bde. Tübingen u. a., 1845-62.

Humboldt/Mendelssohn 2011 = *Alexander von Humboldt – Familie Mendelssohn. Briefwechsel.* Hrsg. v. Sebastian Panwitz und Ingo Schwarz unter Mitarb. v. Eberhard Knobloch. (= *Beiträge zur Alexander-von-Humboldt-Forschung*, 34.) Berlin, 2011.

Kohlrausch 1863 = Kohlrausch, Friedrich: *Erinnerungen aus meinem Leben.* Hannover, 1863.

Kunth 1838 = Kunth, Carl Sigismund: *Flora Berolinensis, sive enumeratio plantarum circa Berolinum sponte crescentium secundum familias naturales disposita.* 2 Bde. Berlin, 1838.

Latour 1983 = »Give Me a Laboratory and I will Raise the World.« In: *Science Observed.* Hrsg. v. Karin D. Knorr-Cetina und Michael Mulkay. Beverly Hills, 1983, S. 141-170.

Leitner 2009 = *Alexander von Humboldt und Cotta. Briefwechsel.* Hrsg. v. Ulrike Leitner unter Mitarb. v. Eberhard Knobloch. (= *Beiträge zur Alexander-von-Humboldt-Forschung*, 29.) Berlin, 2009.

Leitner 2013 = *Alexander von Humboldt – Friedrich Wilhelm IV. Briefwechsel.* Hrsg. v. Ulrike Leitner unter Mitarb. v. Eberhard Knobloch. (= *Beiträge zur Alexander-von-Humboldt-Forschung*, 39.) Berlin, 2013.

Leitner 2019 = Humboldt, Alexander von: *Voyage d'Espagne aux Canaries et à Cumaná Obs. astron. de Juin à Oct. 1799* [= *Tagebücher der Amerikanischen Reise, Bd. I*]. Hrsg. v. Ulrike Leitner unter Mitarb. v. Sandra Balck, Carmen

Götz, Eberhard Knobloch, Ulrich Päßler und Oliver Schwarz. In: *edition humboldt digital.* Hrsg. v. Ottmar Ette. Berlin-Brandenburgische Akademie der Wissenschaften, Berlin. Version 4 vom 27.05.2019. URL: https://edition-humboldt.de/v4/H0016412.

Lepenies 1976 = Lepenies, Wolf: *Das Ende der Naturgeschichte. Wandel kultureller Selbstverständlichkeiten in den Wissenschaften des 18. und 19. Jahrhunderts.* München, 1976.

Müller 2012 = Müller, Adelheid: *Sehnsucht nach Wissen. Friederike Brun, Elisa von der Recke und die Altertumskunde um 1800.* Berlin, 2012.

N.N. 1827/28 = [N.N.]: *Alexander von Humboldts Vorlesungen über phÿsikalische Geographie nebst Prolegomenen über die Stellung der Gestirne. Berlin im Winter von 1827 bis 1828.* [Berlin], [1827/28]. [= Nachschrift der ›Kosmos-Vorträge‹ Alexander von Humboldts in der Berliner Universität, 3.11.1827-26.4.1828.] In: *Deutsches Textarchiv*, http://www.deutschestextarchiv.de/nn_msgermqu2345_1827.

N.N. 1827/28(a) = [N.N.]: *Die physikalische Geographie von Herrn Alexander v. Humboldt, vorgetragen im Semestre 1827/28.* [Berlin], [1827/28]. [= Nachschrift der ›Kosmos-Vorträge‹ Alexander von Humboldts in der Berliner Universität, 3.11.1827-26.4.1828.] In: *Deutsches Textarchiv*, http://www.deutschestextarchiv.de/nn_oktavgfe079_1828.

N.N. 1827/28(b) = [N.N.]: *Physikalische Geographie von Heinr. Alex. Freiherr v. Humboldt. [V]orgetragen im Wintersemester 1827/8.* [Berlin], [1827/28]. [= Nachschrift der ›Kosmos-Vorträge‹ Alexander von Humboldts in der

Berliner Universität, 3.11.1827-26.4.1828.] In: *Deutsches Textarchiv*, http://www.deutschestextarchiv.de/nn_no171w1_1828.

N.N. 1828/29 = [N.N.]: *Phÿsikalische Geographie[.] Vorgetragen von Alexander von Humboldt. Angefangen d[en] 6ten Xbre 1827. Abschrift des Heftes der Frau Geheimräthin Kohlrausch.* [Berlin], [ca. 1828/29]. [= Abschrift einer Nachschrift der ›Kosmos-Vorträge‹ Alexander von Humboldts in der Sing-Akademie zu Berlin, 6.12.1827-27.3.1828.] Bilddigitalisate online in: *digilib-Server der Berlin-Brandenburgischen Akademie der Wissenschaften*, URN: urn:nbn:de:kobv:b4-2019011104.

N.N. 1934 = *Alexander von Humboldts Vorlesungen über physikalische Geographie nebst Prolegomenen über die Stellung der Gestirne. Berlin im Winter von 1827 bis 1828.* Berlin, 1934. [Textgrundlage: N.N. 1827/28.]

Ørsted 1820 = Ørsted, Hans Christian: »Versuche über die Wirkung des electrischen Conflicts auf die Magnetnadel.« In: *Annalen der Physik*, 66 (1820), S. 291-304.

Parthey 1827/28 = Parthey, Gustav: *Alexander von Humboldt[:] Vorlesungen über physikalische Geographie. Novmbr. 1827 bis April, 1828. Nachgeschrieben von G. Partheÿ.* [Berlin], [1827/28]. [= Nachschrift der ›Kosmos-Vorträge‹ Alexander von Humboldts in der Berliner Universität, 3.11.1827-26.4.1828.] In: *Deutsches Textarchiv*, http://www.deutschestextarchiv.de/parthey_msgermqu1711_1828.

Parthey 1871 = Parthey, Gustav: *Jugenderinnerungen. Handschrift für Freunde.* 2 Bde. Berlin, [1871].

Parthey 1926 = Parthey, Lili: *Tagebücher aus der Berli-*

ner Biedermeierzeit. Hrsg. v. Bernhard Lepsius. Berlin, 1926.

Patzig 1827/28 = Patzig, Gotthilf: *Vorträge über physische Geographie des Freiherrn Alexander von Humbold: gehalten im großen Hörsaale des Universitäts-Gebäudes zu Berlin im Wintersemester 1827/28 vom 3ten Novbr. 1827. bis 26 April 1828. Aus schriftlichen Notizen nach jedem Vortrage zusammengestellt vom Rechnungsrath Gotthilf Friedrich Patzig.* [Berlin], [1827/28]. [= Nachschrift der ›Kosmos-Vorträge‹ Alexander von Humboldts in der Berliner Universität, 3.11.1827-26.4.1828.] In: *Deutsches Textarchiv,* http://www.deutschestextarchiv.de/patzig_msgermfol841842_1828.

Raumer 1869 = *Litterarischer Nachlaß von Friedrich von Raumer.* 2 Bde. Berlin, 1869.

Schaper 2018 = Schaper, Rüdiger: *Alexander von Humboldt: Der Preuße und die neuen Welten.* München, 2018.

Schleiermachers Tageskalender 1808-1834. Hrsg. v. Elisabeth Blumrich, Christiane Hackel und Wolfgang Virmond. Berlin, o.J. URL: https://schleiermacher-digital.de/tageskalender/.

Schmuck 2016 = Schmuck, Thomas: »Humboldt in Goethes Bibliothek.« In: *HiN – Humboldt im Netz. Internationale Zeitschrift für Humboldt-Studien,* XVII, 32, 2016, S. 63-81. DOI: 10.18443/236.

Schneider 2018 = Schneider, Birgit: *Klimabilder. Eine Genealogie globaler Bildpolitiken von Klima und Klimawandel.* Berlin, 2018.

Schüttpelz 2008 = »Der Punkt des Archimedes. Einige

Schwierigkeiten des Denkens in Operationsketten.« In: *Bruno Latours Kollektive.* Hrsg. v. Georg Kneer, Markus Schroer und Erhard Schüttpelz. Frankfurt a. Main, 2009, S. 234-258.

Schwarz 2007 = *Alexander von Humboldt und Samuel Heinrich Spiker: Briefwechsel.* Hrsg. v. Ingo Schwarz unter Mitarb. v. Eberhard Knobloch. (= *Beiträge zur Alexander-von-Humboldt-Forschung*, 27.) Berlin, 2007.

Straubel 2009 = Straubel, Rolf: *Biographisches Handbuch der preußischen Verwaltungs- und Justizbeamten 1740-1805/15. Teil 1: Biographien A–L.* München, 2009.

Simonyi 1995 = Simonyi, Károly: *Kulturgeschichte der Physik von den Anfängen bis 1990.* Thun/Frankfurt a. Main, 1995.

Thomas 2019 = Christian Thomas: »You Can't Put Your Arms Around a Memory: The Multiple Versions of Alexander von Humboldt's ›Kosmos-Lectures‹ (1827/28).« In: *Versioning Cultural Objects.* Edited by Roman Bleier and Vinayak Das Gupta. (= Schriften des Instituts für Dokumentologie und Editorik, 13.) [In Vorbereitung, erscheint 2019.]

Thomas/Fiechter/Hug 2016 = Thomas, Christian, Benjamin Fiechter und Marius Hug: »Methoden und Ziele der Erschließung handschriftlicher Quellen zu Alexander von Humboldts Kosmos-Vorträgen: Das Projekt Hidden Kosmos der Humboldt-Universität zu Berlin.« In: *Horizonte der Humboldt-Forschung: Natur, Kultur, Schreiben.* Hrsg. v. Ottmar Ette und Julian Drews. Hildesheim/Zürich/New York, 2016, S. 287-318.

Verzeichniß 1827 = *Verzeichniß der Vorlesungen, welche von der Universität zu Berlin im Winterhalbenjahre 1827 bis 1828 vom 22. Oktober an gehalten werden.* [Berlin], [1827].

Sämtliche in der Bibliographie und den Anmerkungen angebenen URLs zuletzt abgerufen am 24. 6. 2019!

PERSONENREGISTER

Das Personenregister dieses Bandes verzeichnet alle darin namentlich oder anhand eindeutig auflösbarer Verweisformen genannten historischen Personen, d.h. hier: Personen, die bis zum 19. Jahrhundert geboren wurden – mit Ausnahme Alexander von Humboldts, der aufgrund der zahlreichen direkten und indirekten Erwähnungen nicht eigens im Register verzeichnet wurde. Die Siglen »*V*«, »*I*« und »*P*«, die den Seitenzahlen ggf. vorangestellt sind, geben an, ob die daran anschließend aufgeführten Belegstellen im Vorwort (»*V*«), im Primärtext der einzelnen Vorträge Humboldts (»*P*«) oder in dem diesen vorangestellten Inhaltsverzeichnis (»*I*«) zu finden sind. Von ggf. varianten Schreibungen innerhalb des Inhaltsverzeichnisses oder des Primärtextes oder indirekten Erwähnungen der Personen ausgehend wird mittels eines »→« bzw. »=«-Zeichens auf die geläufige bzw. normierte Ansetzungsform des jeweiligen Personennamens verwiesen.

Die Ansetzungsform der Personennamen richtet sich in der Regel nach der Gemeinsamen Normdatei (GND), die unter anderem von der Deutschen Nationalbibliothek (DNB) betrieben wird.

BILDNACHWEIS

Abb. 1: bpk, Berlin (Staatsbibliothek zu Berlin – Ms. germ. qu. 2124, Bl. 1r); http://resolver.staatsbibliothek-berlin.de/SBB00015C0E00000007

Abb. 2: bpk, Berlin (Staatsbibliothek zu Berlin, Nachl. Alexander von Humboldt – gr. Kasten 12, Nr. 16, Bl. 85-98); http://resolver.staatsbibliothek-berlin.de/SBB0001A52B00000205

Abb. 3: bpk, Berlin (Staatsbibliothek zu Berlin, Nachl. Alexander von Humboldt – gr. Kasten 8, Nr. 5a, Bl. 3r); http://resolver.staatsbibliothek-berlin.de/SBB0001676C00000005

Abb. 4: bpk, Berlin (Staatsbibliothek zu Berlin – Ms. germ. qu. 2124, Bl. 42r); http://resolver.staatsbibliothek-berlin.de/SBB00015C0E00000089

Abb. 5: Wikimedia, Berlin (Landesarchiv Berlin – F Rep. 270, A 98/1); https://commons.wikimedia.org/wiki/File:M%C3%B6llendorf_Grundriss_von_Berlin_1826.jpg)

Abb. 6: bpk, Berlin (Staatsbibliothek zu Berlin, Nachl. Familie Mendelssohn – Kasten 2, Ser. B I, Nr. 236, Bl. 1r); http://kalliope-verbund.info/DE-611-HS-917727

Abb. 7: Privatbesitz; https://digilib.bbaw.de/digitallibrary/digilib.html?fn=/silo10/avhr/Humboldt_Kosmos-Vortraege-SingAkademie_1828-Abschrift_2018-11-12&pn=20

Abb. 8: bpk, Berlin (Staatsbibliothek zu Berlin, Nachl. Alexander von Humboldt – gr. Kasten 8, Nr. 5a, Bl. 3r); http://resolver.staatsbibliothek-berlin.de/SBB0001676C00000005

Abb. 9: Biblioteka Jagiellońska Krakau (BJ Rkp. 6623 II, S. 144); https://jbc.bj.uj.edu.pl/publication/402256

Abb. 10: bpk, Berlin (Staatsbibliothek zu Berlin, Nachl. Alexander von Humboldt (Tagebücher) – IX, Bl. 140r); http://resolver.staatsbibliothek-berlin.de/SBB0001527C00000291

Abb. 11: bpk, Berlin (Staatsbibliothek zu Berlin, Nachl. Alexander von Humboldt (Tagebücher) – IX, Bl. 154r); http://resolver.staats bibliothek-berlin.de/SBB0001527C00000315

Abb. 12: bpk, Berlin (Staatsbibliothek zu Berlin, Nachl. Alexander von Humboldt (Tagebücher) – VIIa/b, Bl. 89v); http://resolver. staatsbibliothek-berlin.de/SBB0001527A00000148

Abb. 13: bpk, Berlin (Staatsbibliothek zu Berlin – Ms. germ. qu. 2345, S. III); http://resolver.staatsbibliothek-berlin.de/SBB00015C11 00000325

Abb. 14: bpk, Berlin (Staatsbibliothek zu Berlin, Nachl. Alexander von Humboldt – gr. Kasten 6, Nr. 41.42, Bl. 10r); http://resolver. staatsbibliothek-berlin.de/SBB00019F5600000011

Abb. 15: bpk, Berlin (Staatsbibliothek zu Berlin, Nachl. Alexander von Humboldt – gr. Kasten 6, Nr. 50, Bl. 19r); http://resolver. staatsbibliothek-berlin.de/SBB00019EFB00000045

Abb. 16: bpk, Berlin (Staatsbibliothek zu Berlin, Nachl. Alexander von Humboldt – gr. Kasten 6, Nr. 24a, Bl. 12r); http://resolver. staatsbibliothek-berlin.de/SBB00019ED800000013

Abb. 17: Zentralbibliothek Zürich (NNN 323|G (VD18 14415941); https://doi.org/10.3931/e-rara-55011

Abb. 18: bpk, Berlin (Staatsbibliothek zu Berlin, Nachl. Alexander von Humboldt – gr. Kasten 13, Nr. 15, Bl. 11r); http://resolver.staats bibliothek-berlin.de/SBB0001B83200000025

Abb. 19: bpk, Berlin (Staatsbibliothek zu Berlin, Nachl. Alexander von Humboldt – gr. Kasten 2, Mappe 3, Nr. 41, Bl. 2r.); http://re solver.staatsbibliothek-berlin.de/SBB000169AB00000003

Abb. 20: Biblioteka Jagiellońska Krakau (BJ Rkp. 6623 II, S. 161); https://jbc.bj.uj.edu.pl/publication/402256

Abb. 21: bpk, Berlin (Staatsbibliothek zu Berlin – Ms. germ. qu. 1711, Bl. 104r); http://resolver.staatsbibliothek-berlin.de/SBB00015 BDE00000211

Abb. 22: bpk, Berlin (Staatsbibliothek zu Berlin, Nachl. Alexander von Humboldt (Tagebücher) – I, Bl. 82v); http://resolver.staats bibliothek-berlin.de/SBB0001527100000182

Abb. 23: Klassik Stiftung Weimar, Museen (GGz/2242)

Umschlagabbildungen:

Julien Léopold Boilly, *Le Baron de Humboldt (Fréderic-Henry-Alexandre),* 1821, Foto: Wellcome Collection, London

Henriette Eichmann (spätere Kohlrausch), *Selbstbildnis,* o.D., Foto: Lili Parthey, *Tagebücher aus der Berliner Biedermeierzeit,* Hrsg. v. Bernhard Lepsius, Berlin, 1926

Rückseite: Sing-Akademie, Ölgemälde von Eduard Gaertner, 1843

Hintergrund: Charles F. Blunt, *The Beauty of the Heavens,* 1842

DANKSAGUNG

Unser Dank gilt den Teilnehmerinnen und Teilnehmern des Seminars »Humboldts Kosmos-Vorlesungen. Ein Editionsprojekt« im Wintersemester 2018/19 an der Humboldt-Universität zu Berlin, ebenso den Teilnehmerinnen und Teilnehmern des Alexander von Humboldt-Kolloquiums an der Berlin-Brandenburgischen Akademie der Wissenschaften sowie besonders David Blankenstein, Dominik Erdmann, Benjamin Fiechter, Christiane Gaedicke, Tobias Kraft, Tanja Kratz, Ulrich Päßler, Judith Rauwald, Jürgen P. Rabe, Helen Schwarze, Matthias Staudacher, Frank Wiegand und Stefan Zieme.

Christian Kassung und
Christian Thomas

berlin-brandenburgische
AKADEMIE DER WISSENSCHAFTEN

Die Grundlage der hier in einer Lesefassung wiedergegebenen ›Kosmos-Vorträge‹ Alexander von Humboldts in der Nachschrift von Henriette Kohlrausch sowie des zugehörigen Personenregisters bildet die Online-Publikation dieses Manuskripts sowie weiterer Nachschriften als Bild- und Volltext-Digitalisate im *Deutschen Textarchiv* der Berlin-Brandenburgischen Akademie der Wissenschaften. http://www.deutschestextarchiv.de/; http://www.bbaw.de/.

Die Bilddigitalisierung, Volltexterfassung bzw. Kollation des zugrunde gelegten Manuskripts aus der Staatsbibliothek zu Berlin – Preußischer Kulturbesitz, Signatur Ms. Germ. qu. 2124 sowie weiterer Nachschriften der ›Kosmos-Vorträge‹ wurde im Rahmen des Projekts *Hidden Kosmos – Reconstructing Alexander von Humboldt's »Kosmos-Lectures«* durch die Exzellenz-Initiative an der Humboldt-Universität zu Berlin gefördert.
https://www.culture.hu-berlin.de/hidden-kosmos; https://www.hu-berlin.de/.